陶锅炒豆学

咖啡 烘焙一锅属于自己的

潘佳霖／著

中国轻工业出版社

推荐序

与人分享一锅温柔的咖啡

我只是个上了年纪的平凡上班族。基于职场历练出来的习惯，本着互联网精神，我把烘焙咖啡技术的过程和学术文献的探究心得以文章的形式分享出来。

我虽和本书的作者并不认识，但在学习烘焙的过程中，虎记商行和作者拍摄的视频给了我很大的帮助，潘佳霖也因缘成为引导我正确进入陶锅烘焙咖啡领域的明师。潘佳霖温和、诚恳、开放以及欢迎大家一同进入陶烘领域的态度很直接地触动我的内心，我也很荣幸为他的著作写推荐序，希望本书能作为同好们混沌中摸索的一盏明灯。

烘焙咖啡时，我习惯用Artisan软件来帮我进行记录，摸索第一锅陶锅烘焙时也是。因为用实际的数据去探究发生的现象，总比毫无根据地猜测好一些，也因为这样的探究过程，我深深体会到，陶锅烘豆是一门技艺和经验远大于客观数据的烘焙手艺。

一只陶锅、一支木铲、一个燃气灶就可以烘咖啡，但如何烘出好喝、风味好且吻合自己偏好的咖啡，真的相当有难度。因为我深信，任何工艺使用的工具越简单，对人的技艺要求就会越高。与同好长期交流过程中我发现，初入陶锅烘焙领域的人都不知从何开始，遇到问题时，很难从他人或网络找到答案，所以，可以说陶锅烘焙是一项行动比认知重要的烘焙方式。

不断练习，尝试错误并累积经验，找到适合自己的烘焙方法，比先学习满满的烘焙知识，结果上手后一直困在如何炒匀、烘透、不焦之间更为有用。这本书，深入浅出地讲述了什么是合适的器具、豆量、豆种、手法、节奏等，带你入门，甚至为了有一个明确的参考标准，连红外线测温枪的数据都用上了。不论是烘豆的老手还是新手，相信都可以从这本书中获得宝贵的经验。不过，即使是同一品牌的同型号烘焙机，不同的人按照相同的曲线烘相同的豆子都会产生差异，依着本书论述的数据进行陶烘，好像也不是很容易得到一致或相似的成果，但这就是陶锅烘焙迷人的地方——练的不只是手法和对咖啡的认知，更大的一部分是在磨炼烘焙者的内心，和他对锅内咖啡的最终希望。

凹仔底烘豆人

2020/6/6

作者序

烘焙一锅属于自己的咖啡

在接触精品咖啡之前，我喝的第一杯咖啡是罐装咖啡，当时正值高考复习阶段，为了取得好成绩而熬夜读书，咕噜咕噜喝下了一大瓶。到了青春期，我第一次走进老式咖啡馆点了一杯咖啡，印象是很苦的，得加入两颗方糖，然后看邻桌的老先生舀了两大匙奶精，我也就跟着这样做了。当时喝着那杯酸酸、苦苦、甜甜、涩涩的咖啡，配着约翰·列侬（John Lenoon）的《想象（Imagine）》曲调，幻想着自己是文艺青年，就这样喝了第一杯老派咖啡，接下来又有第二、第三杯……

我从少年时期即养成喝咖啡的习惯，成年后的咖啡启蒙是在台中巷弄里的咖啡馆。每逢假日我总是想去咖啡馆喝杯咖啡，与朋友聊聊天气、食物和旅行。随着年纪增长，我感到这样的聊天环境很嘈杂，逐渐移转到自家二楼的客厅，在那里煮咖啡招待朋友，并且到各家咖啡馆买咖啡生豆，为自己及朋友烘咖啡豆、煮咖啡、播放音乐，就这样自然而然地喜爱上了在家招待客人。

我2008年开始使用陶锅炒焙咖啡，并成为为自己培养的第二专长。我会一边工作一边炒焙，还会利用下班的时间练习，休假时就泡在咖啡馆与咖啡馆主聊天，边喝咖啡边解锁咖啡风味，一点一滴培养对咖啡的爱好。当年我也是跟随这位咖啡馆主，也就是13大哥（何坤林）学了陶锅炒豆，也才有机会将其所言所行之于文字，心里一直感念这份教导的感情。

2012年我认真学习西班牙语，去了墨西哥教导当地人手摇珍珠奶茶。2014年我到墨西哥南部和危地马拉旅行，在产地采购咖啡生豆并学习咖啡豆的生产过程。

　　这次寻豆经历是毕生难忘的。印象中，我们一行人在午夜，搭着摆渡车穿越墨西哥与危地马拉之间的边境，桥上有一间盖章通关的小房子，还睡着一些人，印象中他们中有无国籍的游民，也有往返于墨西哥与危地马拉之间打零工的人，或许是那晚的印象太深，也是我为咖啡店取名为"边境"的缘故！途中需要搭大约十小时的长途汽车才会到达危地马拉市，途中还有朋友来电关心，怕我们在中途发生意外，气氛让人感到不安和紧张。

　　台湾早期就有喝咖啡的风气，1912—1930年有维特咖啡与波丽露咖啡，1945年有明星咖啡馆，那时属于萌芽期，接下来经济发展，仿欧式装潢的咖啡店兴盛起来。1995年开始有单品咖啡，而且仅有使用机器烘焙的咖啡豆，品尝者为较专业的咖啡爱好者，此时还未出现使用陶锅炒豆的咖啡玩家。直到2008年，使用陶锅炒咖啡豆开始流行，目前台中、台南、鹿港、台北都有陶锅自家炒焙为特色的咖啡馆。

　　陶锅是常见的食器，家家户户几乎都有，可以煮饭、熬汤，很普遍常见，取得容易，不会感到陌生，所以用陶锅炒咖啡豆当然就是最佳选择。用陶锅炒的咖啡豆冲泡咖啡，让我想搭配蜜汁红薯或烤红薯来搭配。东南亚国家也有悠久的炒咖啡文化，例如越南咖啡有自己的形式与味道，它让我想到搭配河粉，而新加坡咖啡让我想搭配水煮蛋。

回想以前，有一天偶遇炒焙咖啡的前辈之后，才了解人人都有炒焙咖啡的能力，就像妈妈都会煎荷包蛋那般容易，只要经常练习，自然会在脑中记忆下来，然后慢慢成形。当初就是想要为自己、朋友及家人炒焙一锅只属于我们的咖啡，随时、随地、随兴、少量的炒焙，所以才有机会体会与感受炒焙当下的咖啡豆是什么味道，泡出来的咖啡又是什么味道。

炒咖啡豆是一件有趣的事，对我来说没有不喜欢或是厌烦感，她就像是一个初次见面的异国朋友，通过每天接触，慢慢了解其所属的国家、气候、食物和风俗民情，一天比一天更加熟悉。

那么，开始炒焙咖啡豆需要准备什么呢?

热情地参与各项相关活动，这应该是每个炒豆玩家需要具备的首要条件，热情使我们度过艰难。如果你还没经历过这种感觉，不要灰心，请外出探访咖啡店，与咖啡师和店主交谈，勇敢地参加焙测会。热情的人喜欢分享自己学到的东西，也勇于提出问题，并准备好和每个人讨论炒焙经验。

一般店家都希望有更多的咖啡爱好者参加杯测。如果你不知道哪里可以知道杯测活动，可以询问常去的店家，或者打电话给咖啡贸易商，一般都很愿意告知。

正是通过这些聊天，我对咖啡从好奇变成了热爱。到现在，我知道咖啡有多么不可思议，它将世界各地的人们联系起来。至今我仍然珍惜这些经历，我敢肯定你也会找到有共同爱好的朋友，一起在同一个空间里炒咖啡，这是很重要的事。炒咖啡需要有同伴一起讨论，互相交换喝咖啡、炒咖啡的心得，有时也可能交换冲煮咖啡的经验或是器具。不要急着去买一台烘焙机或意式咖啡机。应该从家里的客厅开始，先整理出一块区域，招待朋友聊天、喝咖啡或喝酒，接下来就会有想要开一间咖啡馆的冲动。有冲动就有热情去追求，一切都是因为好奇心。好奇心驱使我们积极地去探索、观察与学习不明白的事物，这是非常必要的。

有人曾问过我："你天天喝咖啡、煮咖啡、炒咖啡、洗杯子，不会感到厌烦或是倦怠吗？"老实说真的不曾有过厌倦感，或许有过"瓶颈期"，有时可能一整个月都无法炒好一批让自己非常满意的咖啡豆，或者无法精确地掌握好咖啡豆风味，但是煮一杯好咖啡给自己，就是炒咖啡后的最佳犒赏，也是持续下去的动力。

另外有很多人会问，何时可以出师？我想这个问题没有明确答案，只有一直炒下去，某一天自然会有一套客观的看法和成熟的技术，而且对每一个炒咖啡的过程都相当有信心，可以给出一个浅显易懂的说法，这时候的你就是熟手了。

Foreword
前言

在家使用陶锅炒咖啡豆的体验，是每个咖啡爱好者都应该尝试的。卷起袖子，穿上围裙，拿起铲子试试看，一起回归最原始的陶锅炒咖啡豆。

我们日常生活中都有煎荷包蛋的经验，例如太阳蛋、全熟蛋、微焦蛋……依不同熟度形成不同形态煎蛋的概念，就和炒咖啡豆的原理一样。你可以试着开火，把豆子倒入陶锅里开始拌炒，慢慢观察颜色和味道的转变，即使有点炒焦的咖啡，依然是有新意的咖啡，是专属于你的独特风味。

"陶锅炒出来的咖啡，具有自由的风味特性与焙度特性。
自己炒焙，每个人炒焙出来的风味都不一样。"

在埃塞俄比亚，家家户户的咖啡豆都是由妇女自己炒出来的，是用来招待宾客的最佳饮料。将陶锅、陶盘、铁锅或铁盘放在木炭炉上，拿起木铲，炒起咖啡豆。妇女们在炒豆之前，会先用清水将咖啡生豆清洗干净，接着用小火开始拌炒，一边炒一边唱歌，同时眼睛不忘盯着咖啡豆的颜色变化，从生豆的浅翠青色，转为深青色、淡棕色，最后转为咖啡色，歌声伴着空气中飘起的烟雾，代表咖啡豆快要炒熟了。将炒熟的咖啡豆倒入石臼里，用木棒磨成粉，再倒入烧好热水的陶壶里，再放回火上等待煮开。等待的同时，将一大匙白糖舀进白色的瓷杯里备好，最后将咖啡液倒入瓷杯里，让其与白糖融合，就好像主人与宾客的感情彼此融合在一起一样，这已成为一种日常的社交模式，通常主人还会准备爆米花招待宾客。

现今很难找到木炭炉来炒咖啡，用燃气灶一样可以体验炒豆的乐趣。主要原理都是利用火传导热能，让咖啡豆变熟。木炭炉和燃气灶炒出来的咖啡豆仅有些微差距，对风味的影响不会太大。用木炭炉炒咖啡，并不会让咖啡出现烟熏炭烧味，但是会更有难度，例如加大火力的瞬间要赶快扇风，此时双手超级忙碌，要经常练习才能掌握要诀。

Contents

目录

CHAPTER 6
陶锅炒豆操作重点

CHAPTER 7
陶锅炒豆成果冲泡教学

CHAPTER 8
成为炒豆师的条件

CHAPTER 9
家用平底锅炒豆

陶锅炒豆的独特风味

CHAPTER **1**

陶锅炒咖啡的风味，因个人的喜好而决定。

"陶锅炒豆的咖啡热时风味干净清晰，冷却后的风味厚实甘甜，有时还会有意外的收获。"

自己炒豆，风味会因炒焙手法而略有差异，可能比一般烘焙机烘焙的咖啡风味多几分惊喜。希望我的一些见解可以帮助一部分的咖啡爱好者，顺利地进入陶锅炒豆的世界。陶锅炒豆有以下几大特色：

❶ 自主性高

在家炒咖啡的自由度高，不受气候和人为的影响，可以随时随地进行，而且可以自己掌握炒豆的节奏，不用向别人报告好坏和进度，一切以自己的需求为基准。

在自家的阳台、客厅、厨房、庭院都可以进行，只要有燃气灶或卡式炉、一只陶锅、一支木铲，随时随地就可以开始手炒咖啡豆了，不需要像烘豆机那样需要预备一个专门的区块摆放机器，也不需要花很多钱。另外，早晨、下午、晚上都可以炒咖啡豆。当然，不建议雨天炒，因为湿度过高，刚炒好的咖啡豆会吸附空气中的水汽而使风味改变。

❶ 经济实惠

运用陶锅炒豆，可以自己掌握咖啡的新鲜度，每次少量炒出需要的咖啡风味即可。每个品项的咖啡豆都可以少量制作，达到精致的品质。

一周七天可以为自己炒三款咖啡豆。依照我的经验，下班后大约是晚上六点钟用餐，晚饭后休息到八点左右，把陶锅准备好，将生豆挑完就可以开始炒咖啡豆了。大约一天炒一款即可，这样一周有三至五款咖啡可以喝。

❶ 风味多样性

可以使用不同产地的咖啡品种来炒豆，可以自己决定炒焙度，还可以炒出

独特的味道，制作专属于自己的咖啡风味，这不仅打破了以往对烘焙咖啡豆的认知，也不需要技术门槛，人人都可以在家里制作。还可以进一步包装成小包的挂耳咖啡，当作小礼物赠送给朋友。

陶锅炒出来的咖啡会有较强的焦糖味，风味非常迷人，例如水洗的埃塞俄比亚咖啡会呈现较强的可可风味，醇厚，而且回甘较为明显，酸味的展现也平缓而顺畅。目前市面上大部分的浅烘焙咖啡酸香味格外突出，但是如此过头的酸味喝起来太刺激，几乎难以下咽，尤其咖啡冷却后的酸味更明显。

❻ 增加咖啡豆的认知

从一开始喝咖啡、买咖啡到冲煮咖啡，再慢慢进入自己炒咖啡的阶段，从接触生豆、认识生豆、手炒生豆到逐渐熟悉烘焙咖啡的一切，如同经历一杯咖啡的成长旅程。通常只有咖啡资深从业人员才会参与炒咖啡豆的过程，一般人在生活中不容易接触，所以可以借由随时随地进行的陶锅炒豆，将炒咖啡豆会经历的所有事物，如挑豆、选豆、认识生豆、了解产区特性、熟悉不同产地咖啡的风格特性等，完整地体会其中的奥妙与乐趣。

❻ 增加品尝咖啡的灵敏度

经常买咖啡豆或泡在咖啡馆里聊天的人，终究会找出适合自己的咖啡风味，学习咖啡的重点在于多多接受新的体验，手炒咖啡豆就是一项好的体验，并且打开感观认知，将会得到许多惊喜。

在炒咖啡豆的过程中有许多细节要注意，从这些细节里能了解咖啡豆的制作进程，加强对烘焙度的认知，以后选购咖啡也会更加准确。通过一次又一次的炒咖啡豆练习，能了解自己喜欢哪种焙度的咖啡，也更能感受各种咖啡的风味。

❻ 增进家人朋友之间的情感

一炉冒着香气的炒咖啡豆，家人和朋友自然想一窥究竟，借此聊出自己的咖啡理论，亲友间的感情也会在咖啡香里慢慢升温。

陶锅炒豆的隐知识

CHAPTER **2**

一次的炒豆量，以
0.5～0.8厘米的锅
面高度最为合适

先来谈谈开始烘焙咖啡时经常会出现的疑惑与错误，怎样的炒焙程度才是正确而恰当的呢？

实际上没有一个炒焙曲线是完全正确且不容改变的。这个道理很简单，咖啡豆每年每季采收下来的批次，生豆的大小、含水率、密度都有差异性。

没有人第一次、第二次甚至第十次就能达到完美的炒焙效果。它需要专业知识和不断练习，只有对咖啡豆有了基本的认知后才能了解和控制炒焙状况。但是，炒焙过程中一定会面临失误，每一次炒焙都是在积累经验。

我曾经问危地马拉咖啡庄园的主人："您自己烘焙咖啡吗？"他笑着说："别闹了！那不是我的事，我是专业种咖啡豆的，平时很忙碌。烘焙咖啡需要长时间的学习与专业训练，我们都是专业分工的。我自己喝的咖啡豆都是朋友烘焙完成后送进庄园给我的。我也想自己种植咖啡，自己烘焙咖啡，后来才知道这是相当困难的一件事。"做一个庄园主需要管理0.4平方千米以上的咖啡园，看管100个工作人员，处理农民、厂工、帮佣、厨务、物流、仓管等事务……最后我明白了，梦想要建构在务实基础之上才能实现。

◐ 一只陶锅、一支木铲就能炒

陶锅炒豆需要准备的主要器具是一只陶锅、一支木铲、一支红外线测温枪。炒制过程需要先加热陶锅再倒入生豆？当然是没有必要的！先热锅对炒咖啡豆没有太大的意义。事实上只需要把陶锅放置在燃气灶上，开火后马上倒入生豆即可开始炒焙。要特别注意的是，一般陶锅在空烧的状况下，内外温差过大，容易爆裂成两半，所以操作时一定要注意安全。

◐ 炒咖啡豆适合的豆量

陶锅炒咖啡时生豆的数量不要过少，需视锅子的底面积来决定倒入生豆的多少。若没使用厨房秤的情况下，至少要将咖啡豆铺平在锅面上0.5 ~ 0.8厘米的高度，400 ~ 500克。陶锅炒豆的豆量太少，容易造成受热不均，不容易炒熟。

◐ 从水洗豆开始练习

刚开始炒咖啡豆时建议从水洗豆开始练习，因为水洗处理法的生豆本身豆色均匀，炒豆过程的整体变化较一致，利于掌握烘焙程度。至于炒焙的程度，建议浅烘即可，不建议中深烘焙，如此能将水洗豆的花香风味和明显的坚果调性呈现出来。能熟练炒制水洗豆后再炒日晒和蜜处理的咖啡豆，因为日晒与蜜处理的生豆本身豆色较不均匀，炒豆过程的整体变化多，需要更多的经验才能炒出均匀的咖啡豆。

以下列出几个陶锅炒咖啡豆鲜为人知的基本知识，帮助大家快速了解这个领域的重点，方便进一步找到乐趣，精进炒焙技术。

隐知识 1 炒焙的风味是演练过程的结晶

咖啡豆在炒制的每个阶段都要经历大量的物理和化学变化，实际上我们现在仍不了解其中的奥妙，有些变化很容易检测出来，而有些则不然。

例如炒咖啡豆时，第一阶段爆裂是最容易发现的，这也是预测咖啡豆风味发展的必要过程。过程中要专注于咖啡豆的温度、颜色和味道的转变，还要注意倾听爆裂声是连续的还是假爆状态，这些都是可以自我检测的变化。下次再尝试炒焙咖啡豆时，请注意咖啡豆香气的发展和颜色的转变。要成为一个好的炒豆玩家，必须花很多时间练习与讨论。

炒咖啡豆时，就像是她一点一滴慢慢地对你说话，倾诉心里的回忆与快乐，我们要不疾不徐地安静倾听。炒制完成后如同繁华落尽，最真实的炒焙风味尽在眼前。

"要成为一个好的炒豆玩家，
必须花很多时间练习与讨论。
最终，用自己的炒焙成果冲一杯咖啡是最重要的。"

隐知识 2 | 炒焙过程中，一爆、二爆、密集的意义

　　"爆"是指咖啡豆在炒焙过程中遇热熟成时，豆子表皮爆裂发出的声响。"密集"是指一爆与二爆中间的熟成度，也就是说当爆裂声很密集时，熟成度、颜色、香气和风味是不同的，可借此判断熟成的状态。

　　以下是一爆初期、一爆密集（浅烘焙）、一爆末期（浅中烘焙）、二爆初期（中度烘焙）、二爆中期（中深度烘焙）、二爆密集（中深度烘焙转深）的温度、颜色状态，以及散发的香气和冲泡后饮用的口感，可以以此作为炒豆的依据，帮助你掌握炒焙度。

爆裂时期	炒焙度	温度	豆表颜色	香气	冲泡品尝口感
一爆初期	浅烘焙	190℃	浅咖啡色→咖啡色	梅子酸香、糖炒栗子	强烈酸度，甜感较低，层次丰富
一爆密集	浅烘焙	195℃	浅咖啡色→咖啡色	糖炒栗子、烤红薯	稍微强烈酸度，甜感佳，层次丰富
一爆末期	浅中烘焙	200℃	咖啡色	糖炒栗子、烤红薯	酸度平衡，甜感较强，层次多样
二爆初期	中度烘焙	203℃	咖啡色	强烈焦糖	甜感强烈，酸度较低，整体平衡
二爆中期	中深度烘焙	206℃	咖啡色	强烈焦糖、烟熏可可	甘甜厚实，烟熏味较强
二爆密集	中深度烘焙转深	208℃	咖啡色	强烈焦糖、烟熏可可	甘甜厚实，有烟熏可可、坚果调性

隐知识 3 | 咖啡豆的烘焙发展与颜色变化

深浅不均未熟豆

未熟豆、未上色瑕疵豆

深浅不均未熟豆

中烘焙

深浅不均未熟豆

深烘焙

中深烘焙

浅烘焙

中烘焙

深烘焙

咖啡豆烘炒完之后，也必须要挑豆。因为会出现未上色的瑕疵豆、未熟豆、微焦豆、烧焦豆，这些不良的咖啡豆会影响一杯咖啡的风味。

左页是不如预期的炒豆剖面颜色图。浅烘焙是指比预期浅的烘焙豆色；中烘焙是指预期中的烘焙豆色；深烘焙是指比预期深的烘焙豆色。

通过烘炒过程，可以细致地观察七种咖啡豆的剖面呈色结果：

● 未达到完整烘焙度的咖啡豆

▶（左上）**未熟豆、未上色瑕疵豆**：属于烘焙不完全，通常是因为：①没有进入焦糖化状态，豆表浅浅的上色。②也没有爆裂纹，所以只有淡淡的风味，如烘焙时间过长的咖啡豆。

▶（左下）**深浅不均未熟豆**：呈轻度外焦内浅，外焦内浅通常是因为：①烘焙过程提早结束。②脱水期间火力过猛，造成豆表与豆子中心的豆色差异约70%，如微焦豆。

▶（中上）**深浅不均未熟豆**：呈中度外焦内浅，外焦内浅通常是因为烘焙过程提早结束的缘故。豆表与豆子中心的豆色差异非常高，如微焦豆、烧焦豆。

▶（右上）**深浅不均未熟豆**：呈深度外焦内浅，外焦内浅通常是因为：①脱水期间火力过猛。②185~190℃加火进入一爆后没有降火，咖啡豆表面焦糖化过度。豆表呈深焦黑色，与豆子中心的豆色差异约80%，如烧焦豆。

● 烘焙完整的咖啡豆色

▶（中中）**中烘焙豆色**：预期中的烘焙程度。

▶（中下）**中深烘焙豆色**：非预期的烘焙程度。豆表外圈烘焙度过深，多了30%的色度，豆心是预期的焙度。

▶（右下）**深烘焙豆色**：非预期的烘焙程度，比预期的整体烘焙度多了30%的色度。

隐知识 4 | 陶锅手炒咖啡豆的风味特性

　　好的咖啡生豆经过炒焙师手选挑豆，用适当的炒焙手法炒出期望的风味，再经过咖啡师以适当的方法萃取出一杯好咖啡，这就是咖啡的整个生命历程。我经常被问到怎么分辨咖啡的好坏，其实咖啡本质上就没有好与坏的问题，我们习惯一分为二而忘记欣赏。

　　单品咖啡、拿铁、卡布奇诺是大家常喝的三种咖啡饮品，它们各具特色，要用不同的角度理解与欣赏。

▶**单品咖啡：**可能是指咖啡豆来自单一产区或者来自单一庄园，也可能是指单一品种。例如危地马拉咖啡最大的特点就是：被产地的火山土壤孕育出具有烟熏焦烤的独特风味，口感柔和、香醇，略带亚热带水果的味道。而肯尼亚咖啡芳香、浓郁，酸度均衡，具有极佳的水果风味，口感丰富。

　　单品咖啡最适合使用一爆密集（浅烘焙）至一爆结束（浅中烘焙）的手炒豆来冲泡，而且手炒豆的风味、层次感丰富，喝起来也比较有灵魂。机器烘焙的豆子风味更偏向一致工整，喝起来比较单调。

▶**拿铁（Café Latte）**："Latte"在意大利文里就是鲜奶的意思，"Café Latte"指的是鲜奶咖啡，是众多意大利咖啡中的一种，从名字就可以知道鲜奶才是拿铁咖啡里的主角。演变至今，拿铁（Latte）已成为拿铁咖啡（Coffee Latte）的简称。冲泡时的比例为：1/6浓缩咖啡、4/6蒸气牛奶、1/6奶泡，还可以另外添加榛果、肉桂、香草等配料，增加风味。

　　拿铁最适合使用中深焙度的手炒豆来冲泡，风味饱满香甜，因为其牛奶较多，与咖啡融合后可以引出咖啡的香甜感。

▶**卡布奇诺（Cappuccino）**：卡布奇诺的主角是咖啡，冲泡时比例均分：1/3浓缩咖啡、1/3牛奶、1/3奶泡。由于咖啡最后呈现的色泽与修士的褐色斗篷Cappuccino十分相似，因此就取了和斗篷一样的名字。

　　卡布奇诺最适合使用中深焙度的手炒豆来冲泡，风味厚实、回甘，有黑糖感。因其牛奶的分量比拿铁少了1/3，所以可以尝到更多的咖啡风味。

"以常态来说，陶锅炒的咖啡豆，
风味比机械烘焙的更加圆润，酸度更平缓，焦糖风味更明显。"

　　用陶锅可以炒出较深的焙度。实际上每款工具都有它本身的极限，只要把自己能掌握的部分最大化就好。把咖啡炒得深一点可以做拿铁、卡布奇诺，一样会有独特的风味。尝试实验是最好的老师，不要怕浪费豆子，学习过程中没有一次是可惜与浪费的，一切都有他的意义。

隐知识 5

手炒咖啡豆的价格比较高吗

只要是咖啡，基本上我都愿意花时间慢慢去喜欢它。咖啡多种多样，没有所谓最好的，大多是饮用者价值观上的自我认定，而不是以绝对主观的单一价格来衡量，当然价格也是众多客观的条件之一。

为自己准备一杯喜欢的咖啡，首先要了解咖啡满足你哪方面的需求，如果是帮助早晨的清醒，那么喝一杯单品咖啡是必要的；如果想吃美式早餐，那么可能需要一杯美式咖啡，给味蕾一曲起床号。随需求自由选择今天由谁当主角。

与客人沟通是咖啡店很重要的一部分。供应特色咖啡时，店主需要通过简单的语言，让客人理解咖啡的品质和风味上的差异。我常常用大家接触过的食物来比喻咖啡风味，尝试让客人理解咖啡风味，以及表达出印象中的好咖啡是哪一种风味。为了获得最佳的沟通效果，需要以简单的方式说明，而不要特意说"行话"，虽然这不是一件容易的事，但是我会保持诚实，以第三方公正者的角度去评估咖啡的一切。

"自己用陶锅手炒出来的咖啡豆，
当然比外面商店买的更有价值，
它超过咖啡豆本身的价格，
还能获得独特的品饮风味与炒豆乐趣。"

隐知识 6 刚炒好的咖啡豆可以马上冲泡饮用吗

炒焙完成的咖啡当然可以马上喝，辛辛苦苦站着炒了30分钟，要好好犒劳自己一番。不过，等待几天后，咖啡才能冲泡出最佳的风味。

"一般来说，炒好的咖啡需要时间来绽放香气，7～10天经过养豆和排气之后，咖啡整体的风味才会稳定。"

炒焙后马上进行杯测，多尝试几次就会慢慢累积出一套咖啡风味发展的进程，这样的训练方式会让你对咖啡更加了解。按照我的经验，从炒焙完成的咖啡豆里取出120克，放入单向排气阀的袋子里密封保存，7天后再次确认咖啡的总体风味。

排气是咖啡豆炒焙后排放气体的过程。炒焙咖啡时，咖啡豆内部会产生大量的二氧化碳，炒焙后的前几天会有许多气体释出，也会在冲煮时释出小气泡，这些气泡会破坏咖啡粉与水的接触面积，导致咖啡风味及香气物质萃取不均。也就是说如果冲煮刚炒好的咖啡，这些气体会对咖啡的风味带来负面影响。

如果用手冲或是用法压壶冲泡，可以在炒焙后数天内饮用完毕，因为这两种方法冲煮的时间长，咖啡和水有较长的接触时间，所以不需要排太多气。相反的，煮浓缩咖啡时，因为冲煮时间很短（通常只有20多秒），气泡更容易影响萃取结果。因此，通常不会直接拿新鲜炒焙的咖啡粉去萃取浓缩，需要先经过养豆、排气，才能在冲煮时发挥它的风味。如果是萃取浓缩使用，通常会希望咖啡豆是炒焙后5～7天的。

隐知识 7 | 用陶锅炒咖啡豆没有风门可以调整，也可以掌握好炒焙的风味吗

半热风烘豆机与陶锅炒的主要差异在于，烘豆机是以机械原理来烘豆，如同蒸烤箱，通过风门把食物煮熟。

**"用陶锅炒咖啡没有风门可以调整，
却是观察炒制过程细微变化的好方法，
也可以掌握好炒焙风味。"**

其实陶锅炒咖啡豆与机械烘焙咖啡豆可以互相参照烘焙曲线。例如机械烘豆可以参照陶锅炒豆的香气发展曲线，来判断烘焙的下一个步骤；而陶锅炒豆可以参照机械烘豆的温度曲线，以温度和味道来判断咖啡的烘焙度，观察顺序是味道、颜色，最后才用温度状态作为辅助。

温度上升快慢与火力有直接关系，当温度到达而味道还没有出现时，有可能还没闻到对应的味道，所以不要轻易加火。也许有时候咖啡豆的颜色有点接近理想中的色泽，但请相信我那只是海市蜃楼般的假象，因为此时的热还没有进入豆心，热能还没转为动能，不要被表面的色泽欺骗了。所以，要先观察咖啡豆颜色的变化，在炒焙初期到中期，注意味道变化才是一项重要依据，同时还要注意火炉上的豆子温度要依序上升，不可往下掉。

▶机械烘豆的温度曲线

基本上烘豆机烘焙总时间是12～13分钟。每3～4分钟会有一个颜色转化过程，以水洗豆为例，颜色变化依序是：深绿色→黄点→褐色→咖啡色。烘焙过程中味道的变化是：青草味→烤面包味→酸香气→糖炒栗子味、烤红薯味。

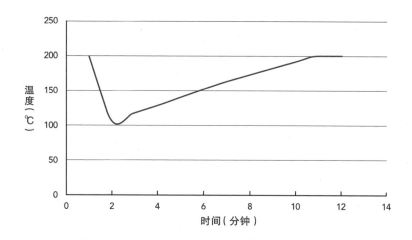

★ **说明**：此线条特点是"快速前进"。200℃才放入豆子，此时锅炉里从最高温度200℃下降到最低温106℃，称为回温点。过程中咖啡豆吸收热能后准备升温，此阶段约1分30秒。值得注意的是，机械烘焙的过程无法每分钟明显感受到风味，而且11分钟就结束，炒焙时间比陶锅短，所以时间掌控很重要。

3分钟：温度上升至117℃，无显著风味。

4分钟：温度上升至127℃，无显著风味。

5分钟：温度上升至140℃，此时飘出青草味。

6分钟：温度上升至151℃，此时飘出烤面包味。

7分钟：温度上升至163℃，无显著风味。

8分钟：温度上升至173℃，此时飘出酸香气。

9分钟：温度上升至182℃，无显著风味。

10分钟：温度上升至192℃，此时飘出糖炒栗子味和烤红薯味。

11分钟：温度上升至200℃，结束烘焙。

▶陶锅炒豆的温度曲线

基本上陶锅炒豆总时间是25～27分钟，进程缓缓前进，在每3～4分钟会有一个颜色转化过程。以水洗豆为例，颜色变化依序是：浅绿色→深绿色→黄点→核桃褐色→浅咖啡色→咖啡色。炒豆过程中味道的变化是：青草味→烤面包味→酸香气→坚果味、焦糖味→糖炒栗子、烤红薯味。

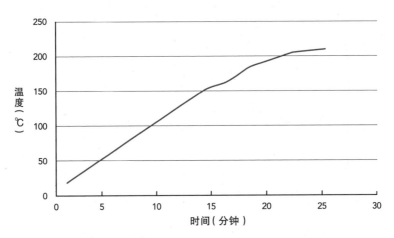

★ **说明**：此线条特点是"缓慢前进"。从豆子本身的温度40℃开始炒焙，温度缓缓上升，因此颜色的变化过程比机械烘豆复杂。风味上，每分钟都可以感受到味道的转变，尤其比机械烘豆多了坚果味和焦糖味。

3分钟：豆子入锅，此时温度为豆子本身的温度40℃，开始炒焙。此时无明显味道。

6分钟：温度上升至70℃，此时无明显味道。

9分钟：温度上升至100℃，此时飘出淡淡的烧稻草味。

12分钟：温度上升至130℃，此时飘出青草味。

15分钟：温度上升至155℃，此时飘出烤面包味。

18分钟：温度上升至180℃，此时飘出酸香气，转成坚果味。

19分钟：温度上升至185℃，此时飘出坚果味。

20分钟：温度上升至190℃，此时飘出梅子酸香和淡淡的焦糖味。

21分钟：温度上升至195℃，此时飘出糖炒栗子味和烤红薯味。

22分钟：温度上升至200℃，此时飘出糖炒栗子味和烤红薯味。

24分钟：温度上升至203℃，此时飘出烤红薯味和焦糖味。

■陶锅炒豆与机械烘豆的风味比较

	陶锅炒豆	机械烘豆
难度	易	难
风味	多层次	多层次
香气	饱满	饱满多变
时间	长	短
回甘	高	略低

★说明：陶锅炒豆与机械烘豆的风味，最大差别在于陶锅炒豆的焦糖化相当充足，回甘度也更强烈。

陶锅炒焙咖啡豆
酸度平衡、甜感较强、层次丰富、焦糖
风味更明显、回甘度高

机械烘焙咖啡豆
酸度较强、甜感略低、层次丰富、焦糖
风味不明显、回甘度略低

隐知识 8

炒咖啡豆不能中断吗

"基本上炒一次咖啡豆的总时间为25～27分钟，
最好一气呵成，中间不要中断，否则会影响风味。
手炒的速度稍慢也没有关系，
比一般的时间慢1～2分钟影响也不大。"

当后期温度到达180～190℃时，火力让豆子快速熟成，直到200℃时将火关掉，让余温慢慢将豆子烘至熟透。

过程中断会造成锅里的热能不足，无法进入下一个阶段，有可能炒焙出：未上色的瑕疵豆、未熟豆、微焦豆。

因为陶锅是靠锅底接触热能而炒熟豆子，而且陶锅的热能会累积，当锅中的豆子无法完全吸走炉火的热能，锅底的温度就会越来越高，同时豆子的含水量会越来越少，也就越来越容易焦。所以通常会配合豆子着色的程度进行降火甚至熄火。如果还是要维持相同火力时，搅拌的动作就要有规律，切记不要忽快忽慢，不能让豆子停留在锅底的时间过长。此时双手感受到的热度也会比较高，换手换铲的动作要注意配合。最好搭配感官，通过闻香、看色、听声掌握豆子的状态。

隐知识 9 建议初学阶段不要使用二次炒焙

炒咖啡豆和煮食物一样，在烹煮的过程中风味会慢慢减少。一般来说炒过的咖啡豆甜度较高，那是因为芳香物质的作用，相对地，此时咖啡豆前段的特色风味也很容易流失。

二次炒焙是什么？是指下豆、炒豆过程分前后两次，对咖啡的风味会有很大的影响。第一次炒焙，当时间到达15分钟、温度至155℃时，颜色从黄点至核桃褐色，飘出烤面包味。时间到达第18分钟、温度至180℃时，颜色从核桃褐色至浅咖啡色，飘出的香气从酸香气到坚果味时，即停止炒豆，并且冷却静置一天后再进行炒焙。

隔天，再将前一天炒焙过的咖啡豆，再次放入陶锅中进行二次炒焙，当时间到达19分钟、温度至185℃时，颜色呈浅咖啡色，飘出坚果味。时间到达20分钟、温度至190℃时，颜色从浅咖啡色转为咖啡色。时间到达21分钟、温度至195℃时，颜色从浅咖啡转为咖啡色，此时飘出糖炒栗子味、烤红薯味。时间到达22分钟、温度至200℃时，颜色呈咖啡色，飘出糖炒栗子味、烤红薯味。最后时间到达24分钟、温度至203℃时，颜色呈咖啡色，即完成炒豆。

"初学者为何不要使用二次烘焙？
因为从下豆、炒豆、停止炒豆并且冷却静置一天后，
隔天再进行二次炒豆，这个过程对初学者来说不容易精准判断
焙度状态，容易炒出更多的瑕疵豆，造成风味不佳的咖啡。"

■陶锅一次炒豆与二次炒豆的风味比较

	一次炒豆	二次炒豆
难度	易	难
风味	多层次	平稳
香气	饱满	较弱
时间	短	长
回甘	低	高

★说明：一次炒豆与二次炒豆的差异主要是香气，如同我们烹饪一条鱼，煮两次容易流失鱼原本的风味。一次炒豆保留咖啡前段的香气较多，层次感较为丰富，味觉上也比较容易连贯和记忆。二次炒豆时，因为只留下前一次炒焙的片面记忆，中途截断会影响风味认知，因此影响判断焙度的状态。因为记忆风味最好是一气呵成，而且二次炒豆的前段香气较为薄弱，对于风味上的认知较不易掌握。

如果你已经是炒豆老手，不妨尝试二次炒焙，炒后风味平稳，回甘度高。但是，如前所述会牺牲一部分的前段香气。

隐知识 10　陶锅手炒真的比机器烘焙落伍吗

手炒咖啡，如同摄影师拍摄出来的美丽瞬间，将炒焙当下咖啡豆的色、香、味保留下来供人品尝。好处是可以少量多次炒焙，炒焙出自己心中最理想的风味，更具有个人化风格。时尚精品咖啡都是以手工烘焙而成，喝起来较为细致典雅。手炒咖啡实际上就是机械烘焙的前测样品，是咖啡风味的重要参考依据，这两项技术可以相辅相成。

实际上陶锅炒豆并不是一个落伍的操作方式，反而有助于提高对烘焙技术的基本认知。因为烘焙咖啡初学者，对味道的熟悉度需要一段时间缓慢观察与培养，而陶锅炒焙的时间是机械烘焙的两倍，虽然很缓慢，却可以很扎实地了解整个过程。

隐知识 11　陶锅炒豆与机械烘豆的自由度比较

主流咖啡市场与自家烘焙咖啡店主要是使用机械烘焙咖啡豆。在家中烘焙咖啡豆，适合用简单方便的工具，除非有商业考量，一般家庭不会使用烘豆机。

用简单的方式为自己准备一份咖啡豆，相较之下手炒咖啡就简单许多，时间也更自由。

▶**咖啡烘豆机的作业流程**：开机→预热30分钟→入豆烘焙→冷却→熄火→等待机器冷却20分钟→关机。

▶**陶锅炒豆的作业流程**：开火→炒豆→下豆→冷却→等锅自然冷却。

隐知识 12 陶锅炒豆，需要调整火力，还是不用调整

陶锅炒咖啡其实需要长时间渐进式的练习。一般来说不调整火力依然可以将咖啡炒熟，但冲泡出来的咖啡风味有如平静无波的一潭死水。炒豆需要足够的热能，才能激发咖啡豆的香气及芳香物质。咖啡豆焦糖化不足时，不会产生后韵与回甘，煮出来的咖啡颜色也混浊、不易透光。

"所以陶锅手炒咖啡豆并不难，只要掌握好调整火力的重点：第一阶段小火→第二阶段中火→第三阶段大火，还是可以炒出一锅完美的豆。"

■火力有调整与无调整的差异

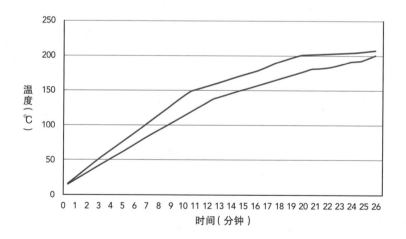

蓝线：————→是指调整火力下的温度变化
红线：————→是指没有调整火力下的温度变化

★ **说明**：蓝线转折点代表火力控制在150～155℃时，关火1分钟。计时1分钟后再开火，让温度保持均匀上升。在185～195℃再加一次火。加火的步骤是一个关键，为了让咖啡豆有足够热能向下一个熟成阶段前进，接续进入一爆阶段，并且让咖啡豆有足够的时间焦糖化，这样炒完的咖啡豆更有层次感，也能保留豆子原本的特性与风味。基本上炒一次咖啡豆的总时间为25～27分钟，最好一气呵成，中间不要中断，否则会影响风味。手炒的速度稍慢也没有关系，比一般的时间慢1～2分钟影响也不大。当后期温度到达180～190℃时，火力将豆子快速熟成，直到200℃时将火关掉，让余温慢慢将豆子烘至熟透。

红线，是指没有调整火力下的温度变化。这样无法让咖啡豆有足够热能向下一个熟成阶段前进，并接续进入一爆阶段，让咖啡豆没有足够的时间焦糖化，这样炒完的豆没有层次感，会丧失豆子原本的特性与风味。

隐知识 13 | 如何维持每一次手炒咖啡豆的品质

　　每一次炒咖啡豆都会有些微的差异性，要掌握好以下三个基本原则：

1　每次都要使用温度计测量温度并记录。

2　掌握在25～27分钟以内完成炒咖啡豆的全部过程。

3　以八字炒法（∞）规律性地翻炒。

掌握好这三个原则就可以确保炒豆的稳定度。

陶锅炒豆的最佳焙度与风味

炒豆不需要因为豆子的品种而固定烘焙度,最好能自由地去尝试不同的烘焙度。不过,因为生豆处理法的差异性而必须调整成固定的炒焙程度是可以接受的,例如我习惯将日晒豆炒至中烘焙度,而水洗豆、蜜处理豆则炒至浅中烘焙度。

一般来说,陶锅炒豆可以达到的烘焙度是:浅烘焙度、中烘焙度、中深烘焙度、深烘焙度初期、深烘焙度。

■陶锅炒豆的时间和温度所对应的风味

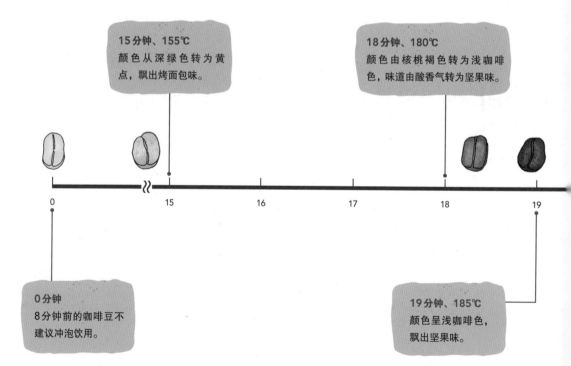

15分钟、155℃
颜色从深绿色转为黄点,飘出烤面包味。

18分钟、180℃
颜色由核桃褐色转为浅咖啡色,味道由酸香气转为坚果味。

0分钟
8分钟前的咖啡豆不建议冲泡饮用。

19分钟、185℃
颜色呈浅咖啡色,飘出坚果味。

0   15   16   17   18   19

**"最好的炒豆风味是浅中烘焙度，呈咖啡色，
飘出糖炒栗子味、烤红薯味时，关火。
冲泡的口感酸度平衡、甜感较强、层次丰富。"**

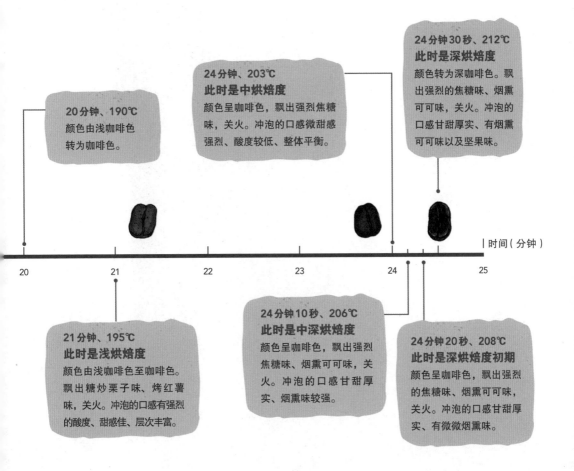

20分钟、190℃
颜色由浅咖啡色
转为咖啡色。

24分钟、203℃
此时是中烘焙度
颜色呈咖啡色，飘出强烈焦糖
味，关火。冲泡的口感微甜感
强烈、酸度较低、整体平衡。

24分钟30秒、212℃
此时是深烘焙度
颜色转为深咖啡色。飘
出强烈的焦糖味、烟熏
可可味，关火。冲泡的
口感甘甜厚实、有烟熏
可可味以及坚果味。

时间（分钟）

20　　21　　22　　23　　24　　25

21分钟、195℃
此时是浅烘焙度
颜色由浅咖啡色至咖啡色。
飘出糖炒栗子味、烤红薯
味，关火。冲泡的口感有强烈
的酸度、甜感佳、层次丰富。

24分钟10秒、206℃
此时是中深烘焙度
颜色呈咖啡色，飘出强烈
焦糖味、烟熏可可味，关
火。冲泡的口感甘甜厚
实、烟熏味较强。

24分钟20秒、208℃
此时是深烘焙度初期
颜色呈咖啡色，飘出强烈
的焦糖味、烟熏可可味，
关火。冲泡的口感甘甜厚
实、有微微烟熏味。

认识咖啡生豆

CHAPTER 3

咖啡是非洲、亚洲和拉丁美洲部分地区重要的经济作物。即使有些是非生产国，但仍以销售咖啡饮品为生，也是喝咖啡最多的国家。

由于气候、土壤、栽种方式及生豆处理方法的不同，会对咖啡豆的味道产生一定程度的影响，所以了解每一款咖啡豆的成长过程是基本功课，就像我们慢慢去认识一个朋友，关心她、喜欢她、爱慕她，试着了解她的成长过程以及家庭故事。

1 咖啡生豆品种概论

● 世界各地咖啡生豆的起源

当你听到"咖啡"一词时，会想到哪个国家或地区？哥伦比亚、巴西或印度尼西亚？实际上，咖啡起源于埃塞俄比亚，这之前其他地区是见不到咖啡和咖啡树的。

在了解咖啡生豆的品种之前，必须先认识"咖啡带"（Coffee Belt）。咖啡带是指种植区域，在南北回归线23.5度之间，此地有稳定的温度、适度的降雨和肥沃的土壤，可以为咖啡树提供理想的生长条件。早在14世纪，野生的咖啡树种从埃塞俄比亚出口到阿拉伯半岛。到了17世纪末，咖啡豆已经传入印度尼西亚，之后咖啡文化又进入了新世界国家，并且在巴西、危地马拉、哥斯达黎加、牙买加和古巴扎根。直到19世纪初，经过几个世纪的扩散与发展，咖啡已遍及欧洲、中东以及全球各地。

● 咖啡生豆的栽培条件

一般咖啡树可以存活多久呢？如果要保持每年多产量，10～15年就会年华老去。也有以经济考量种植几十年的老树，一样可以生出咖啡豆，但是产量不佳。咖啡树的排水设备要良好，土壤肥沃、呈弱酸性，种植顺利约3年就会开花，可以闻到如同茉莉花般的香味。

红樱桃是指成熟的咖啡果实

2 世界主要咖啡种类

❶ 第一大种类：罗布斯塔（Canephora Robusta）

我曾经在墨西哥喝过好喝的罗布斯塔。当时我在当地城市塔帕丘拉作客，他们告诉我，可以喝到一种非常清爽干净的咖啡，而且具有明亮的酸度。

罗布斯塔是1680年左右在乌干达被发现的，是阿拉比卡咖啡的起源。阿拉比卡咖啡经常被误认为是较旧的咖啡类型，容易与摩卡咖啡混淆，后来摩卡咖啡被归类为阿拉比卡咖啡的一个品种系列。

罗布斯塔来自西非国家，因耕种方面的知识很少，西非国家的产品质量很低。到目前为止，甚至原产地的出口商也拒绝多采购罗布斯塔，仅考虑阿拉比卡。其实不能责怪种植者没有改善作物，因为他们生产的豆子永远都无法进入精品咖啡的行列，进而无法得到更高的收益以提升种植品质和高规格的处理方法。

▶罗布斯塔的风味未受到市场青睐，常用于配豆

在风味和香气方面，阿拉比卡比罗布斯塔更复杂，阿拉比卡豆的咖啡因、氨基酸和绿原酸含量较低，总油脂含量却高出60%。众所周知，许多芳香挥发性化合物会溶解在油脂中，并在萃取的冲煮过程中被释放，因此在杯测品质方面，阿拉比卡更受青睐，特别是在浓缩咖啡中。另外，阿拉比卡的绿原酸较低，有助于减低咖啡的涩味，因此在杯测过程中经常胜于罗布斯塔。

罗布斯塔的风味被批评为橡胶味和苦味，可能与咖啡因含量高有关，它通常被用于低价市场的混合配豆。咖啡的品质不仅取决于咖啡豆本身的自然特性，还取决于人们的选择。我们喝的阿拉比卡咖啡，不仅是大自然的礼物，还是几个世纪以来品种的选择结果，然后进行生产、加工、烘焙和冲煮。

事实上，在整个供应链中，在对时间和资源的关注上，阿拉比卡咖啡比罗布斯塔咖啡更多，这会对最终杯测所得到的结果产生重大影响。

▶重新思考罗布斯塔的品质优势

如果罗布斯塔能得到与阿拉比卡同样的照顾和关注，可能会提高杯测意愿，以及会更加尊重该物种。但是，如果我们对优质罗布斯塔没有市场需求，那么农民就没有动力在生产上提高质量。

将阿拉比卡和罗布斯塔的质量进行比较是不公平的，它们是同一属的两个物种，例如锅铲与锅都是人类文明的宝贵资源，虽然角色不同，但都是相当重要。

罗布斯塔比阿拉比卡更健壮，它更容易生长，成本更低。生产者可以在比阿拉比卡更低的海拔高度种植它，并且由于咖啡因含量较高（它是天然农药），不易得到病虫害。罗布斯塔还更能抵抗不稳定的天气条件，生产速度也比阿拉比卡快得多，不过缺点是市场价格比阿拉比卡低。

▶生产加工

不良的采摘和不正确的储存，以及许多农民没有将咖啡生豆完全干燥至水分含量为11%～13%，所有这些不良做法都会影响杯测风味，导致酸味、泥土味以及发霉等负面评价。

可以通过一些简单的措施来提高罗布斯塔的品质，例如仅采摘成熟的红樱桃（成熟的咖啡果实），立即进行加工，并且以离地网架存放于适当的干燥区域。

🌑 第二大种类：阿拉比卡（Arabica）

全世界的咖啡品种，阿拉比卡占了80%，常见的类型如下：

咖啡树园

▶铁比卡（Typica）

铁比卡是所有阿拉比卡变种与基因筛选的原型，像所有阿拉比卡咖啡一样，应该起源于埃塞俄比亚西南部。在15或16世纪的某个时期被带到叶门。之后叶门的咖啡种子已在印度种植。在1696年和1699年，有几粒咖啡种子从印度的马拉巴尔海岸被发送到了雅加达，这几粒种子就是现在称为铁比卡的独特品种。1706年，铁比卡咖啡厂从爪哇搬到阿姆斯特丹，并种在植物园中。1714年传到法国。

铁比卡于1719年从荷兰经殖民贸易路线被送往圭亚那地区（Guiana），然后于1727年到达巴西北部。1730年英国将马提尼克岛的铁比卡咖啡引入牙买加。1735年，它到达圣多明戈。1748年，种子从圣多明戈被送到古巴。1760年到达巴西南部。后来，到达哥斯达黎加（1779年）和萨尔瓦多（1840年）。

18世纪后期，种植扩散到了加勒比海（古巴、波多黎各、圣多明戈）、墨西哥和哥伦比亚，并从那里横跨整个中美洲（早在1740年就在萨尔瓦多种植了）。直到20世纪40年代，南美洲和中美洲的大多数咖啡种植园都种植了铁比卡。由于铁比卡既低产，又对主要的咖啡疾病高度敏感，因此已逐渐被美洲大部分地区取代，但仍在秘鲁、多米尼加共和国和牙买加广泛种植，这里称为牙买加蓝山。

▶波旁（Bourbon）

法国传教士在18世纪初，将波旁从叶门引入波旁岛，即现今的留尼汪岛（La Réunion），并以今天的名字命名，直到19世纪中叶，本品种离开该岛不再继续种植。但是从19世纪中期开始，随着传教士开始在非洲和美洲建立信仰据点，这一品种又传播到世界的新地区。

波旁品种于1860年左右引入巴西，并从那里迅速向北传播到南美洲和中美洲的其他地区，至今仍在种植。在这里，它与其他从印度引进的波旁相关品种以及埃塞俄比亚的地方品种混合在一起。如今，在东非发现了许多类似波旁的品种，但没有一个能与拉丁美洲发现的独特波旁品种媲美。

在拉丁美洲，尽管大部分波旁仍在萨尔瓦多、危地马拉、洪都拉斯和秘鲁种植及外销，但是波旁已被其后代，尤其是被卡杜拉（Caturra）、卡杜艾（Catuai）所取代。

▶卡杜拉（Caturra）

卡杜拉是波旁品种的自然变异。它是1915—1918年在巴西米纳斯吉拉斯州的一个种植园中被发现的。

卡杜拉因为品质优异而被重点栽培，这意味着根据其出色的基因表现，特选指定它的种子为新一代，然后重复该过程。该品种当时从未在巴西正式发表过，但在中美洲已经很普遍。

它是在20世纪40年代进入危地马拉，但是在之后的30年里，并没有得到商业上的广泛采用。它从危地马拉传入哥斯达黎加、洪都拉斯和巴拿马，如今已成为中美洲最重要的经济作物之一。

▶卡杜艾（Catuai）

该品种于1949年由黄色的卡杜拉和蒙多诺沃杂交而成，最初称为H-2077，于1972年在巴西发布，并在那里广泛种植。在巴西，有很多卡杜艾可供选择，有些以高生产率著称。

之后转移到中美洲似乎生产力较低，它于1979年首次在洪都拉斯推出，在今天的洪都拉斯，卡杜艾的种植面积将近占阿拉比卡种植总面积的一半。

在哥斯达黎加，这个咖啡品种在经济上也很重要，1985年引进了黄色卡杜艾，其后代在全国各地广泛传播。1970年被引进危地马拉。

卡杜艾身材矮小，可以密集种植和收获，部分原因是在20世纪七八十年代加强了全日光咖啡的种植。

墨西哥咖啡研究所（INMECAFÉ）在1960—1961年通过将蒙多诺沃与黄卡杜艾杂交，开发了类似的名为加尼卡（Garnica）的变种。

▶马拉哥吉佩（Maragogipe）

马拉哥吉佩是铁比卡的自然突变，是1870年在巴西城市马拉哥吉佩附近发现的。马拉哥吉佩是帕卡马拉与马拉卡杜拉结交生下的孩子。

▶SL-28

SL-28是非洲著名品种之一。最初在20世纪30年代，从肯尼亚地区传播到非洲的其他地区（特别是在乌干达的阿拉比卡种植地区很重要），现在又传播到了拉丁美洲。该品种适合中、高海拔地区，对干旱具有抵抗力，但易患主要咖啡病。SL-28以质朴著称，其咖啡树可以一次无损使用数年甚至数十年。肯尼亚许多地方都有SL-28咖啡树，这些树已有60~80年的历史，但仍然有生产力。

1935—1939年，在斯科特实验室进行的个别树选择，以SL开头（Scott Labs）命名。他们选择来自不同来源的42棵树，并对其产量、品质及对抗干旱和抗叶锈病性进行了研究。1935年，SL-28从名为Tanganyika抗旱植物种群中的一棵树中选定。最近的基因测试已经证实，SL-28与波旁基因组有关。

▶SL-34

SL-34最初于20世纪30年代末，在肯尼亚的斯科特农业实验室被选中。1935—1939年，是从肯尼亚卡贝特的洛雷肖庄园的一棵树中被挑选出来的。

法国圣灵传教士于1893年，在布拉即肯尼亚泰塔山建立了一个传教团，其中种植了源自留尼汪岛的波旁咖啡种子。1899年，来自布拉的种苗被带到另一个在圣奥斯汀的法国使团，并从那里将种子分发给愿意种咖啡的定居者，这就是法国传教士咖啡的起源。

▶瑰夏（Geisha）

该品种最初于1930年，从埃塞俄比亚的咖啡林中采收出来。之后从那里被送到坦桑尼亚的利安德（Lyamungu）研究站，于1953年被带到中美洲的农艺学热带植物研究与保护中心（CATIE），并在这里登记为保藏号T2722。在人们公认它具有耐咖啡锈叶病之后，它于20世纪60年代，通过热带植物研究与保护中心在整个巴拿马传开。但是，该植物的树枝很脆弱，未受到农民的青睐，因此未被广泛种植。世界咖啡研究公司（World Coffee Research）最近进行的遗传多样性分析证实，T2722巴拿马瑰夏咖啡豆是独特而统一的，它具有精致的花香，以茉莉花和桃子般的香气而闻名。

Geisha和Gesha的拼写经常互换使用。咖啡研究人员在几十年中一直坚持这种拼写，导致该拼写在咖啡行业中首先得到推广和使用。这种咖啡最初是在埃塞俄比亚附近山区收集的，该地区最常用的英文名称是Gesha，因此咖啡行业中的许多人都希望以这个名字来命名。

▶帕卡斯（Pacas）

帕卡斯是波旁的自然突变，类似于巴西的卡杜拉和哥斯达黎加的维拉萨奇（Villa Sarchi）。帕卡斯与其他广泛栽培的波旁突变体相似，具有单基因突变，可使植物变小（矮化）。它的主要优点是小尺寸的植株可以提高潜在的产量，并且可以将植株靠近放置在一起，以增加农场的咖啡果实总产量。该品种于1949年，在萨尔瓦多圣安娜地区的帕卡斯家族农场里被发现。1960年，萨尔瓦多咖啡研究所（ISIC）开始为帕卡斯进行系谱选择计划。它在该国仍然广泛种植，约占该国咖啡产量的25%。它也生长在洪都拉斯，1974年由IH CAFE引入。

▶帕卡马拉（Pacamara）

起源于帕卡斯和马拉哥吉佩的交杂品种，不过萨尔瓦多咖啡研究所（ISIC）进行的谱系选择不完整。它主要生长在萨尔瓦多，在此经常以很高评价赢得杯测比赛。

相似的变种马拉卡杜拉，很可能来自尼加拉瓜卡杜拉和马拉哥吉佩的自然杂交。中美洲的私人生产商进行了进一步的选择，但该品种从未稳定过。

3 咖啡生豆处理法的基本知识

通过良好的、因地制宜的妥善处哩，可以使咖啡细微的差别变得更加明显。比如说，可以品尝到带有水果味的咖啡，也可以品尝到带有葡萄酒味的咖啡。

"如果咖啡生豆品质很好，经过烘焙过程，
对于风味的表现有事半功倍的效果。"

另一方面，发酵过度的咖啡生豆可能会让一杯咖啡味道不佳，一般会在炒焙完成后出现碘味。

咖啡生豆的处理法通常有三种：日晒处理法、水洗处理法和蜜处理法。它们的基本风味差异如下：

▶**日晒咖啡豆的风味**：具有泥土味与阳光的风味，偏强烈而浓厚。

▶**水洗咖啡豆的风味**：具有花香或果香的风味，偏清爽而干净。

▶**蜜处理咖啡豆的风味**：具有水果风味与蜜桃的风味。

用手抓取生豆，闻生豆味道，确认发酵风味

◐ 日晒处理法（Dry process）

▶过程

采收→手工拣选未成熟果实→铺平成熟果实进行曝晒，人工翻面保持空气流动→
装袋休眠30～60天（等待出口）→脱壳→咖啡生豆拣选分级→装袋→运送

　　非洲国家大多是采取日晒处理法，这也是至今最古老的处理法，因为水是
很重要的资源，日晒是比较省水的方式。主要原因是非洲太阳很充足，有些
地方很少下雨。近期是在黑网棚架上铺平曝晒，让更多空气对流，避免浆果发
霉、过度发酵或是腐烂。日晒的作用是刻意增加咖啡豆的风味。

★陶锅炒豆重点

　　日晒豆具有泥土味与阳光的风味，偏强烈而浓厚，所以不需要深烘焙。为
了呈现咖啡豆原始的果香，也不适合浅烘焙，因为炒出来的风味太淡而不像咖
啡。最佳的焙度是中烘焙。

（上图）在太阳下曝晒咖啡生豆，使生豆均匀干燥

（下图）水洗豆品种

🫘 水洗处理法（Wet process）

▶过程

采收→手工拣选未成熟果实→除去果皮（机械式剥皮机depulper）→发酵咖啡生豆，带着果胶静置于发酵池中→清洗→铺平于地板或加高式棚架进行曝晒→装袋休眠30～60天（等待出口）→脱壳→咖啡生豆拣选分级→装袋→运送

　　水洗处理法，是在干燥程序中，为了避免多数发酵变因而先去除咖啡生豆的果肉。水洗处理法显然成本较高，工序繁杂，难度也较高。每个生产者有自己的处理方式，例如在发酵池放置24～36小时，因人而异。当然发酵时间越长，咖啡豆的品质受影响的风险越高，负面风味也会提高。大部分生产者会用手抓取咖啡豆以确认发酵的风味，再用双手搓揉咖啡豆检视果胶脱落的程度。

用双手搓揉咖啡豆，检视果胶脱落的程度

使用生豆烘干机烘豆，含水率可降到11%～12%

　　发酵完成后，使用大量的水把附着在外壳上的残留果胶洗干净，接下来也是在地上曝晒干燥，生产者会拿耙子在晒豆场来回翻动，确认每批豆子均匀干燥。

　　当然不是天天都艳阳高照，湿度过高也要改变干燥方式，例如使用机械式烘干机将含水率降到11%～12%。许多农民认为，日晒干燥优于机械式干燥的风味。

★陶锅炒豆重点

　　水洗豆具有花香或果香的风味，偏清爽而干净。不适合深度烘焙，以免将花果香味覆盖而仅留下焦香味。最佳的焙度是浅烘焙或中烘焙。

蜜处理法（Honey Process）

▶过程

采收→手工拣选未成熟果实→除去果皮（机械式剥皮机depulper）→刮除部分果肉→铺平于地板或加高式棚架进行曝晒→装袋休眠30～60天（等待出口）→脱壳→咖啡生豆拣选分级→装袋→运送

不少中美洲国家会采用蜜处理法，哥斯达黎加与萨尔瓦多比较常见。干燥方式与日晒豆大同小异，为休眠→脱壳→运送，不同的是要在曝晒前先去除果皮和果肉。休眠期为30～60天。为什么要休眠？记得危地马拉庄园主说："120年来，我们将处理完的咖啡生豆装袋休眠后，风味较丰富。"这就是一个生产者与自然共存的生命经验。

★陶锅炒豆重点

蜜处理咖啡豆有水果与蜜桃的风味，偏强烈而浓厚，所以不需要深烘焙，以保留咖啡豆原始的果香。也不适合浅烘焙，炒出来的风味太淡而不像咖啡。最佳的焙度是中烘焙。

结论

要购买咖啡生豆，可以联络贸易商，也可以在网络上购买，或是有较熟悉的咖啡店老板愿意让你一起团购。选购咖啡生豆时，建议买自己常喝的咖啡品项来练习炒豆。

休眠咖啡

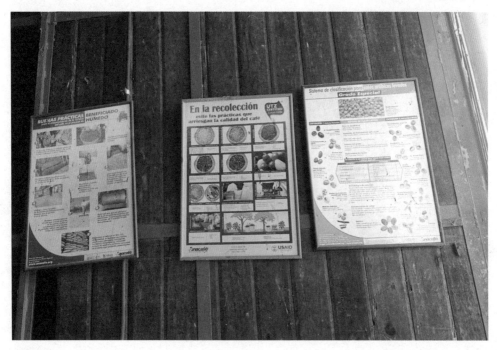

瑕疵豆标示

陶锅炒豆与冲泡器具

CHAPTER 4

陶锅炒豆的器具很简单，最主要是陶锅与木铲。市面上有各种品牌可以选购，是最家常的料理器具。以下是选购的诀窍以及其他炒豆用具的说明，用对器具，炒豆过程才会顺畅，才能达到完美的成果。准备齐全后就可以开始炒豆了。

炒豆器具

1 陶锅

最好使用特制的陶锅，因为使用特殊的陶土制作，经得起长时间干烧，导热快，蓄热性好，也比较容易掌控咖啡豆的熟度。使用一般陶锅也可以，但要选择耐热度高的类型，因为一般家用陶锅不可以空烧，会有爆裂的危险。选好陶锅之后，在常温下倒入生豆即可开始炒豆。

另外，平底锅和铸铁锅也可以炒咖啡豆。这两种锅传热快，能快速炒好。但是因为传热太快，不容易掌控温度，偶尔会产生焦味。

■手炒陶锅与一般陶锅比较

	手炒咖啡陶锅	市售一般陶锅
专业功能	<ul><li>炒焙咖啡豆、花生、煮饭煲汤</li><li>煎、炒、闷、蒸、煨等烹饪方式皆宜</li><li>所有明火热源炉具皆适用（除电磁炉以外）</li></ul>	<ul><li>炖煮功能单一</li></ul>
高新技术	<ul><li>进口高纯度的锂晶石和精选高岭土</li><li>可承受120～600℃的急速温差变化</li><li>适合干烧经久耐用，安全有保障</li><li>经过高温1280℃烧制、无毒</li></ul>	<ul><li>纯度低原矿和杂质多，热稳定性差</li><li>急冷急热易龟裂，安全性低</li><li>不适合干烧，容易炸锅</li><li>寿命低</li></ul>
环保节能	<ul><li>导热快、续热佳，用中小火即可烹饪，节能低碳</li><li>陶锅99%以上釉面，好清洗、易保养</li></ul>	<ul><li>导热快，散热快，耗能受热不均</li><li>釉面烧结低，易卡垢串味，不易养护</li></ul>
材质	<ul><li>高纯度锂晶石（锅底白色）</li><li>原料天然，价格是一般陶锅的10倍</li></ul>	<ul><li>锂辉石（锅底橘红色）</li><li>原料人造，成本低</li></ul>
厚度	<ul><li>1～1.2厘米</li></ul>	<ul><li>0.5～0.8厘米</li></ul>

2 木铲

　　准备1支木铲，约45厘米长。使用木铲比较安全，不会因传热高而烫伤手掌。建议选购有斜度的木铲，容易操作。

3 红外线测温枪

感应测温枪比较准确。如果用一般烘焙用的长型电子探针温度计，在炒制过程中要测量豆子的温度会比较麻烦，手会很忙碌。

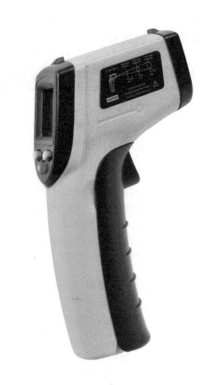

4 挑豆盘

用蓝色的盘子挑豆，不容易产生视疲劳，而且可以迅速挑出有瑕疵的生豆。

5 竹筛

竹筛材质比较轻巧美观，也方便。把豆子摊平后容易散热。

6 白色抹布

用处是在炒豆完毕时，以双手抓握住锅子的耳朵，以防烫伤。建议使用白色抹布，美观卫生，有脏污容易辨识。

7 计时工具

应该放在安全视线所及的地方，约一臂长的距离。计时工具是炒豆的重要工具，再次提醒，红外线测温枪与计时工具是缺一不可的。任何人的体感时间都不一样，所以不可以使用错误的计时方式。

冲泡一杯咖啡，决定风味好坏的因素比重是：农场种植的咖啡豆品质占50%、炒豆技术占30%、冲泡技术占20%。咖啡生豆在产地已经决定先天的风味，炒豆师借火力动能激发出咖啡的风味，再借由萃取的方式呈现咖啡本身的层次与韵味。所以咖啡不好喝，不要太惊讶，也不要责怪自己，有一半的因素是先天注定的，可以回过头检视哪个环节失误而造成的。

冲泡器具

1 电子秤

用途是称咖啡豆的重量。用法是将电子秤放置于稳固平坦的桌面上，使电子秤保持平稳。打开电源时，秤盘上请勿放置任何东西，先行归零。

2 磨豆机

　　用途是将咖啡豆磨成粉末，以方便冲煮。工业革命以前，以手工打碎豆子或磨碎豆子。而手动磨豆机和机器磨豆机的差别是机器磨豆机比较省时、省力、快速。至于磨豆机的选择，首先不建议刀片式的磨豆机，因为其用途是针对谷物研磨，磨出来的咖啡粉匀称度不好，萃取出来的咖啡口感不佳。

3 滤杯

用途是萃取咖啡。V60滤杯是我个人比较喜欢的滤杯，萃取的咖啡香气比较强烈，因流速比较快，所以表现性强烈。Kono滤杯能萃取出浓郁厚实的风味感受，也相当推荐。建议初学者使用蛋糕杯，萃取的风味较均衡。Kalita梯形滤杯是滤杯的始祖，流速均衡快速，很适合赶时间的上班族，对于想喝咖啡又不想计算太多数据的人来说是首选。

4 滤纸

滤纸会吸附部分的咖啡油脂，让咖啡喝起来清爽。有锥形（V60、Kono）、梯形（Kalita）、蛋糕形（Kalita），视滤杯的形状而定。

5 烧杯

用途是盛装咖啡，比滤杯口大就好。可以选择其他杯子来替代，如马克杯、咖啡壶、陶杯。

6 手冲壶

神灯壶的水流固定，比较适合初学者。Kalita的鹅颈形壶嘴设计，在靠近尖嘴处会逐渐变细，方便以小水流操控冲泡的速度。

基础烘焙概论

CHAPTER **5**

手炒咖啡时，有"一爆初期（浅烘焙）""一爆末期（浅中烘焙）""二爆中期（中深度烘焙）""二爆密集（深度烘焙）"的语词，实际上就是指咖啡豆经过炒焙产生的变化。基本上，陶锅手炒和机器烘焙的过程与反应状态是一样的。

开始炒焙咖啡时，经常会出现一些疑惑与错误，怎样的炒焙程度才正确而恰当？如前面强调过，实际上没有一条烘焙曲线是完全正确、不容许改变的。

"用手炒焙的风味很独特。
陶锅炒豆与机械烘豆风味的最大差别在于，
陶锅炒豆的焦糖化相当充足，
因此回甘度比机械烘焙来得强烈。"

咖啡豆的七个烘焙度

不论是陶锅手炒，还是机器烘焙，一般咖啡豆的烘焙度粗略分为三大类：浅烘焙、中烘焙、深烘焙，其中又可细分为7个阶段：

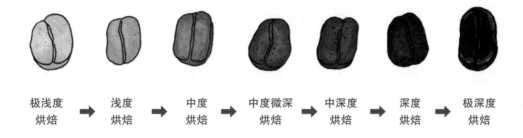

极浅度烘焙　➡　浅度烘焙　➡　中度烘焙　➡　中度微深烘焙　➡　中深度烘焙　➡　深度烘焙　➡　极深度烘焙

01 极浅度烘焙，又称"浅烘焙"（Light Roast）

这个时间点炒焙完成的咖啡也有部分人喜欢，喜欢它的水果风味与强烈明亮的酸香气，所以可以自行决定在这个阶段结束炒焙。如果不追求此阶段的风味，可以继续往下一个阶段炒下去。

风味　浓浓的青草味，口感与香气贫乏，一般用于杯测练习，很少品尝。

听　一爆开始前后。可以听到一些较轻的豆子已经出现零星的爆裂声，接下来进入一爆的声音，是接近连续性的鞭炮声或爆米花的声音。

看　豆表面呈淡肉桂色。

闻　在一爆之前，要注意闻咖啡豆的味道，这时候会飘出微微的酸香气和淡淡的香草味。

02 浅度烘焙，又称"肉桂烘焙"（Cinnamon Roast）

这个时间点炒焙完成的咖啡，也有极少部分人喜欢，喜欢它的水果风味与强烈明亮的酸香气，所以是否在这个阶段结束可以自行决定。如果不追求此阶段的风味，可以继续往下个阶段炒下去。和前一焙度只相差30秒，少了青草味，并且出现浓郁的莓果香气。

风味 酸质强烈、略带香气。

听 一爆开始至密集。

看 豆表面呈肉桂色。

闻 此时的青草味已消失，酸质强烈、略带香气。

❸ 中度烘焙，又称"微中烘焙"（Medium Roast）

这个阶段可以呈现咖啡的各种面貌，是我个人比较推荐的烘焙度。

风味 口感偏酸带苦、香气适中，保留咖啡豆的原始风味，甚至表现出更加均衡的香气和酸度。

听 一爆密集。用陶锅炒豆常把咖啡豆炒到一爆密集，但是与机械烘焙的一爆密集有些许差异性，因陶锅量到的是豆表温度，但机器量到的是整体锅炉和豆子的温度。

看 咖啡豆里的颜色为中褐色，豆表面呈栗色且没有油。

闻 比浅度烘焙的咖啡有更多的香气。这时候可以闻到接近糖炒栗子或是烤红薯的味道，飘出一阵浓浓的甜味。

❹ 中度微深烘焙，又称"浓度烘焙"（High Roast）

这个阶段炒焙完成的咖啡，是大多数咖啡饮用者喜欢的风味，因为风味全然展开，辨识度高。前段风味清晰，中段回甜，尾段酸度平衡、甜感较强。

风味 口感清爽丰富，酸苦均衡不刺激，且略带甜味，香气风味平衡。

听 第一次爆裂结束。

看 豆表面呈浅红褐色，如炒栗子外壳颜色。

闻 糖炒栗子、烤红薯味。

❺ 中深度烘焙，又称"城市烘焙"（City Roast）

为标准的烘焙程度，也是大众最喜爱的烘焙程度。在美洲和中南美洲，多数人喜欢这样的烘焙风味。

风味　口感明亮活泼，酸苦平衡之间的酸质又偏淡，而且释放咖啡中优质的风味。

听　第一次爆裂后到一、二爆中间。

看　豆表面呈浅棕色。

闻　糖炒栗子味、烤红薯味、焦糖味。

06 深度烘焙，又称"法式烘焙"（French Roast）

此阶段的咖啡豆非常黑，与其他咖啡相比它有多黑？将咖啡豆与巧克力棒进行比较就可以更清楚地看出颜色的深度。法国人喜欢这样的焙度，所以又称法式烘焙。

风味　口感强劲浓烈，苦味较浓，酸味近乎无感，有巧克力与烟熏香气。

听　二爆密集到二爆结束。

看　豆表面呈深褐色带黑。

闻　焦香烤肉味、可可味。

07 极深度烘焙，又称"意式烘焙"（Italian Roast）

意大利人喜欢极深度的风味，喝起来有浓厚的焦香味，所以又称意式烘焙。

风味　咖啡豆纤维在炭化之前，口感强烈复杂，苦味强劲，有浓厚的煎焙与焦香。

听　二爆结束至豆表转黑出油。

看　豆表面呈黑色油光。

闻　焦香、苦味。

陶锅炒豆操作重点

CHAPTER **6**

使用陶锅炒咖啡，是属于直火炒焙，热能来源就是锅下方的燃气灶火焰，即通过热能传导把豆子炒熟。

炒咖啡豆前要先了解咖啡烘焙的基础原理，才能明白加热咖啡豆时，温度所对应出来的味道。在炒焙过程中，咖啡豆会形成特有的香气成分，炒焙后会得到棕色咖啡豆。目前已经知道有1000多种咖啡香气成分，我们可以根据喜好而改变炒焙条件，实现最终特定的风味。

咖啡的水溶性成分，包括多聚酚、多糖、绿原酸、矿物质、水、咖啡因、脂类羟基酸和酚类，它们之间互相作用，130～170℃时产生美拉德反应，形成特有的香气，与烤面包、烤牛排、炸薯条的风味转变过程很雷同。

将咖啡生豆加热到180～240℃时，需要15～20分钟。此时较强烈的炒焙会产生较深的颜色，并产生更强烈的香气和风味。

掌握看、听、闻原则

❶ 看

没有风门可调整的陶锅炒豆，可不可以不调火，一次炒到底？当然是可以的，只要注意一些秘诀。因为陶锅是靠锅底接触热源炒熟豆子，而陶锅锅体的热是会累积的，锅中的豆子无法完全吸走炉火带给锅体的热能，锅底温度会越来越高，但同时豆子的含水量会越来越少，越来越容易焦。这时候也是初学者最容易紧张的时刻。通常都要观察豆子着色的程度，进行降火甚至熄火，或者维持相同火力，搅拌的动作就要更加规律及专心。不能让豆子接触锅底的时间过长，由于频繁搅拌，手所感受到的热度也会相对高，换手换铲的动作也必须互相配合。最好还要配合感官闻香、看色泽、听爆裂声以掌握豆子的状态。

❷ 听

耳朵的听觉在炒焙咖啡的阶段里扮演重要角色，像是一场战役里的指挥官，必须全神贯注，注意每一个细微的爆裂声。当温度慢慢升高至185～195℃时，豆子开始渐渐膨胀，从零星的爆裂逐渐转为密集的爆裂声。温度慢慢升高，手心开始感受到热度，同时豆子发出爆裂声音，此时要注意手搅拌的频率依然要一致，千万不要因为不确定的因素或是紧张而加快搅拌的速度。

❶ 闻

前期炒焙会影响后续风味的发展方向。以我的经验，是以温度与味道来判断咖啡豆的炒焙度，依序是味道、颜色，最后才是以温度作为辅助。温度上升快慢与火力有关，当温度到达而味道还没有出现，可能是还没有闻到对应的味道，此时不要轻易加火。

炒焙过程中，时间与味道是一起伴随而来的。一般味道转变的过程为：脱水期间有青草味，当渐渐进入美拉德反应中期，则会有接近蛋糕烤焙的风味；进入一爆前期时，有一股烟熏梅子的酸香气；随着时间推移最后会进入焦糖化反应，出现甜香的味道，如烤红薯、糖炒栗子、微微可可的味道。

完成炒豆必须经过四个阶段

❶ 第一阶段：去除水分

咖啡生豆含有7%～11%的水分，均匀分布于整颗咖啡豆中。水分较多时，脱水时间会稍微延长，经过炒焙也不会变成褐色，所以这阶段的主要目的是去除豆中的水分。将咖啡生豆倒入锅中，让咖啡豆吸收足够的热量以蒸发多余的水分。一般停留在锅中的6～7分钟内，咖啡豆的外观以及气味没有显著变化。

❶ 第二阶段：转黄褐化反应

转黄褐化反应的第一阶段开始了。这个阶段的咖啡豆结构仍然非常紧实，而且带有烤面包的香气，咖啡豆开始膨胀，表层银皮开始脱落。

● 第三阶段：剧烈褐化反应

此时咖啡豆开始膨胀，并且产生大量的气体（大部分为二氧化碳）及少量的水蒸气。咖啡豆内部压力上升，出现了连续性的爆裂声。

● 第四阶段：风味发展期

■前段时期——青草味、烧稻草味（130～145℃），就是转黄点时期所出现的味道。炒咖啡豆第一阶段的要务是找寻前段的味道，所以这就是为何我一直强调用味道来判断熟度的原因。我曾经使用过容易调整温度的烘豆机，的确能准确地判断味道。陶锅炒豆要克服找寻前段味道的问题，真的需要经常练习，掌握好温度，并且与有经验的人讨论。

■中段时期——从烧稻草味转向烤面包味、烤红薯味、鸡蛋糕及松饼的味道（145～155℃），这时期转黄点明确。

■后段时期——可以决定整杯咖啡的味道表现。后段的前期会有酸香味或是水果风味，末期会有糖炒栗子的香气（185～200℃）。

炒豆过程常见的错误

错误1 火力一次到底，会造成大部分的豆子焦黑：显然是一路开快车，想把豆子炒熟就完成的状态。炒咖啡需要耐心与专心，应该把节奏与速度调整好，视状况降火或熄火，重新再练习一次。

错误2 搅拌没有规律，会造成咖啡豆成色不均：因为搅拌的速度快慢不一致，导致咖啡豆受热不完全。当味道还没出现，只靠温度计的升温曲线就轻易将火力加大，也会导致成色不均的状况。

错误3 **火力过小，容易出现炒焙时间过长的未熟豆：**当咖啡豆加热时间太长而未达到一爆时，它的风味平淡无奇，几乎没有甜味，味道像是生花生米或是面茶味。初次炒咖啡豆的朋友最常出现的错误，就是害怕炒到烧焦，他们希望咖啡豆的色泽一致匀称，所以使用非常小的火力来炒咖啡，虽然咖啡炒熟了，上色也均匀，但是当咖啡豆送进磨豆机，按下开关磨出来的咖啡粉末，闻起来只有坚果味或米香的味道，而且冲煮出来的咖啡混浊、不透亮，喝起来的风味显得贫乏，有无糖豆浆的豆渣味，或者只有一个风味，很单调。

错误4 **误判下豆时机，造成未熟豆概率最高：**并不是整锅咖啡豆都没有熟，而是里面掺杂着未上色的瑕疵豆、未上色的咖啡豆以及部分熟咖啡豆。没有完全炒熟的咖啡豆，除了呈现出浅烘焙、中烘焙和深烘焙的色度之外，还有只烘熟外表皮的情形。那么在怎样的情况下会炒出微焦的咖啡豆或有点焦苦味的咖啡豆？炒豆的过程有时因为太过急躁，急于达到一爆阶段，就容易炒出微焦的咖啡豆，也就是豆心没有熟透的情形。

1 准备工作

空间配置

炒豆的准备工作，包括备好器具，空间配置已经事先规划好，只要在家中的炉台上操作就可以了。

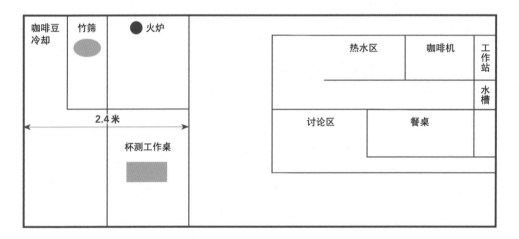

★ 说明：简易规划一个工作区块，是为了让工作更加流畅，因为在炒咖啡过程中有25～30分钟不能离开炉火。接下来因为完成炒豆时，需要迅速将炒好的咖啡豆从高温的锅里倒入竹筛里，准备冷却，所以竹筛放在火炉左方最顺手，事先安排好作业流程能防止自己手忙脚乱。而配置杯测工作桌的用意，是将炒好的咖啡豆冷却后，磨成粉冲泡，再进行杯测，然后写下风味笔记，检视此批咖啡是否呈现出了预期中的风味。

炒豆前的

准备

- **安全检查**：液化气瓶的安全性及存量至少在半桶以上。
- **检视装备：**

木铲：1支（45厘米）；炒豆搅拌时的必备工具。

竹筛：2个。炒完咖啡倒入竹筛里降温，并且筛去银皮。

收纳罐：保存炒完的咖啡豆，在罐上贴上完成炒焙的日期。

熟豆记录卡：记录炒好的咖啡资讯，包含炒焙日期、产
区、品种、庄园名称、处理法、备注等。

熟豆记录卡	年　月　日
产区	
品种	
庄园名称	备注
处理法	

风扇：炒完冷却咖啡豆时使用。

计时工具：炒咖啡豆时必备的一种工具，需要定位在眼睛
容易看到的地方。

红外线测温枪：记录炒咖啡过程中豆表的温度。

白色抹布：炒豆完成后取豆时使用，避免陶锅边缘高温烫
伤手掌。

挑豆盘：一大两小，共3个。一个炒豆前挑豆时使用，炒完
咖啡后也需要使用挑豆盘，检视瑕疵豆并挑除。

挑豆

挑豆就是"手选"的过程，这个过程相当重要。因为生豆在处理厂挑选的过程中，使用的是电眼红外线机器拣选，难免有漏网之鱼，必须再经过一次手工挑选。通常会出现石头、麦秆和玉米，我称它们为当地的礼物，有时会作为收藏。当然还有其他不良的生豆，必须挑除才不会影响炒豆的效果。

❶ 小石头

咖啡豆收成后在曝晒过程中混合了地上的小石头，会导致陶锅被刮伤。

❶ 全黑豆

全黑豆是主要缺陷，而部分黑豆是次要缺陷。豆表是棕色或黑色，呈干缩状态，并且裂缝太开。这些缺陷的原因包括发酵过度、樱桃（成熟的咖啡果实）过度成熟以及樱桃发育过程中水分不足，会导致炒豆有酸、涩、苦味。

◐ 全酸豆

　　全酸豆是主要缺陷，部分酸豆是次要缺陷。豆表是浅棕色至深棕色。这些缺陷是由于采摘和脱浆之间的等待时间过长、发酵过程过长，或水分含量过高而引起的。通常有股臭水沟味。

◐ 破碎豆

　　破碎豆大多数是人为因素造成的，例如脚踩碎、搬运摔碎、机器碾碎。破碎豆容易在炒咖啡豆过程中被烧焦。

◐ 发霉豆

　　不恰当的保存方式，如在湿气太重或通风不良的场所放置，会造成咖啡豆发霉。

◐ 虫蛀豆

　　在通风不良、阴暗、潮湿的储存空间中放置的咖啡豆，容易生成咖啡虫、白茎虫、象鼻虫等害虫而破坏生豆。闻起来有酸味和泥土味。

☕ 未脱壳豆

　　未脱壳的豆，会导致冲泡后的咖啡喝起来涩涩的。

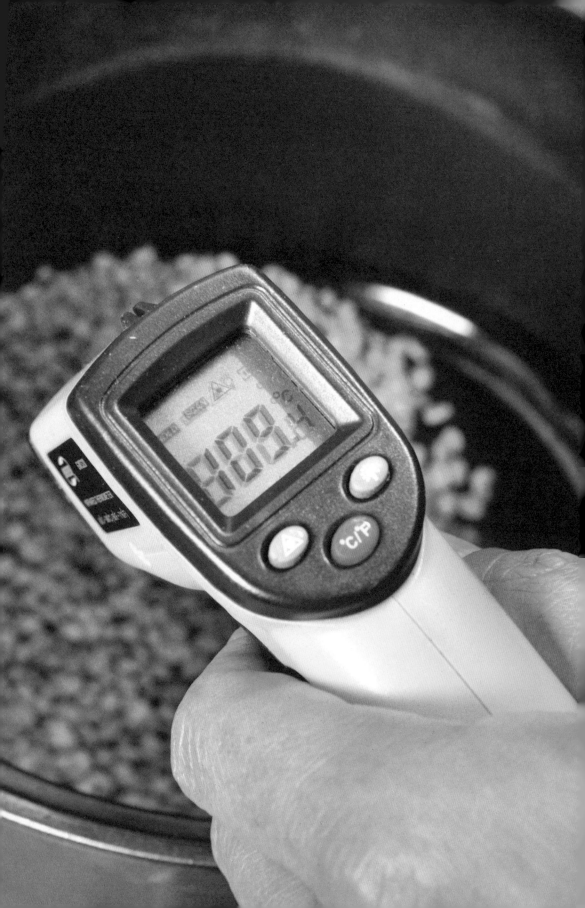

2
炒豆步骤

　　炒豆前，挑豆要彻底，将瑕疵豆捡拾干净，有臭水沟味道的瑕疵豆会影响一锅咖啡的风味。

　　炒豆的基本步骤是：**开启燃气灶→前期火力保持中火→炒咖啡→降火→熄火→开火→一爆前加大火→后期渐渐降火→微火→滑行→下豆**

一次炒豆的
最佳分量

　　炒豆的分量越准确，风味越好。例如将500克的咖啡生豆，平铺于直径26厘米的陶锅底部，0.5～0.8厘米的厚度，最多不能超过2厘米。就像煮饭有一定的原则与步骤，煮一杯米与煮三杯米的口感也会不一样。

　　所以，无论锅大小，基本原则是生豆平铺于锅底厚度0.5～0.8厘米，咖啡豆必须肩靠着肩互相帮忙，才能将热能平均传到每一颗咖啡豆里。如果豆量太厚太多，炒豆时手会很酸，会炒不动，而且也无法把咖啡炒熟；如果豆量太少，未铺满锅面，炒豆的热能就会散失了，容易炒出色泽不均的咖啡豆，咖啡也不容易熟透，会影响炒焙的风味。

右手炒豆画八（∞）

左手炒豆画同心圆（○）

炒豆手法

炒豆的手势是无限记号的画法，以右手画八（∞）并且保持规律，左手画同心圆（○），两手可以交换。一开始手很酸，注意手腕不要过度用力，以免造成手腕损伤。炒豆握铲的手势是：用拇指与食指握住木铲炳，中指、无名指和小指并拢，抓住木铲的下方1/3处。木铲接触锅底的咖啡豆，运用手腕转动的力量，以画八字（∞）的画法规律翻炒。要特别注意，炒焙前抓住木铲下方1/3处，炒焙后段温度渐高时，要往上抓取，而且速度要加快。

炒豆示范

❶ 准备材料

· **使用陶锅尺寸：** 直径27厘米、高度17厘米

· **咖啡豆量：** 800克

· **木铲：** 1支（45厘米长）

STEP **1** 生豆期

温度： 19℃

时间： 0分0秒

状态： 豆色深绿，没有爆声，味道不明显，是生豆本身的味道。

5分43秒

STEP 2　脱水完毕，转黄点

温度：130～140℃

时间：5分43秒

状态：豆子颜色从深绿转为黄点，爆声不会出现，此时飘出青
　　　草味，微甜。

8分52秒

STEP 3　美拉德反应前期

温度：150℃

时间：08分52秒

状态：豆子颜色从黄点转为核桃褐色，此时飘出微微烤面包味。

STEP 4　美拉德反应中期

温度：150～160℃

时间：09分52秒

状态：豆子颜色从黄点转为核桃褐色，此时飘出烤面包味和鸡蛋糕味。

★**注意：**此阶段与前一阶段只差1分钟，主要是多了鸡蛋糕味。可以将炉火关掉
　　　　1分钟，为了上色均匀，也为了更准确地预测是否出现鸡蛋糕味。

12分39秒

STEP 5　银皮脱落，累积能量

温度：170~180℃

时间：12分39秒

状态：豆子颜色从核桃褐色转为浅咖啡色，此时飘出酸香气，
转成坚果味。

★注意：当温度超过180℃，在181~183℃时，关火1分钟，
为了累积为整体能量，也为了引发一爆之前做准备。

15分10秒

STEP 6　一爆前准备

温度：190℃

时间：15分10秒

状态：豆子颜色从浅咖啡转为咖啡色，豆子开始渐渐膨胀，从零星的爆裂声逐渐转为密集。温度慢慢升高，手心开始感受到热度，同时发出爆裂声音。这时要注意手搅拌的频率要一致，此时飘出糖炒栗子味和烤红薯味。

STEP 7　一爆初期，密集阶段

温度：193℃

时间：15分30秒

状态：豆子颜色从浅咖啡转为咖啡色，开始快速膨胀，爆裂声转为密集。这时要注意手搅拌的频率依然要一致，此时飘出糖炒栗子味和烤红薯味，此阶段为浅烘焙。

★注意：此阶段与前一阶段只差了2℃，主要是听爆裂声变大变密集。

17分0秒

STEP 8　一爆密集

温度：200℃

时间：17分0秒

状态：豆子颜色呈咖啡色，此时飘出糖炒栗子味和烤红薯味。
　　　用陶锅炒豆比较容易把咖啡豆炒到一爆密集，此阶段为
　　　中度烘焙。

18分30秒

STEP 9　完成下豆

温度：210℃

时间：18分30秒

状态：豆色呈酒红咖啡色，爆声平缓，味道为烤红薯味、炒栗子味、甜感坚果味。

去银皮

STEP 10　冷却，去银皮

炒豆完成，尽快倒入左手边备用的竹筛中。

STEP 11　冷却，挑除瑕疵豆

利用风扇或自然风，快速地翻动竹筛，将脱落的银皮去除。银皮，是指在羊皮纸内部还有一层更薄的薄膜包裹着咖啡豆。由于颜色富有光泽，而且泛着亮亮的银色，故称之为"银皮"。

STEP 12 成品

完成陶锅炒豆。

<u>3</u>
炒好后的挑豆

判断各种炒焙

不良咖啡豆状态

　　我们将咖啡豆炒完后，会出现：烘焙时间过长的咖啡豆、未上色的瑕疵豆、未熟豆、微焦豆、烧焦豆、出油豆等六种不良的咖啡豆状态，主要会影响一杯咖啡风味的完整性，所以炒焙后要先挑除。

⚫ 炒焙时间过长的咖啡豆（Baked Coffee）

　　咖啡豆加热时间过长但未达到一爆时，就会发生此种缺陷。它的风味平淡无奇，几乎没有甜味，味道像是生花生米或是面茶味。

　　如果因为害怕炒到烧焦，所以用非常小的火力来炒豆，会造成咖啡豆炒熟了，上色也均匀，但是磨出来的咖啡粉闻起来只有坚果味或米香的味道，冲煮出来的咖啡混浊、不透亮，喝起来风味显得贫乏，有无糖豆浆的豆渣味，或者只有一个风味，口感偏单调。

　　初次体验陶锅炒咖啡豆时，经常遇到的问题是忘了按下计时工具，所以无法正确计算时间。必须在出现微酸香气时调整燃气灶开关，以提高火力来增加应有的层次风味。第一次炒咖啡豆时，会将注意力集中在手炒的速度及手势，忘记注意风味变化，因此错过掌握咖啡风味的极佳时刻。

● 未上色的瑕疵豆（Quakers）

　　未成熟的咖啡豆，在手工分拣和生豆检查期间很难识别。它们通常是由恶劣的土壤条件限制了养分的吸收而影响发育造成的。从技术上讲，这不是炒咖啡豆的缺陷，而是咖啡生豆先天就没有成熟，但通常在炒完咖啡豆后才能发现。如果不取出来，在咖啡测试中会带有纸质味和谷物味，那是一种令人难以下咽的味道。

　　举例来说，无论是使用机械或是陶锅炒焙咖啡，都会出现上色不完全的情况。未上色的瑕疵豆，要在完成整个烘焙过程后，才能在一大批的咖啡豆中被发现。因为当我们在挑选生豆时，很难仔细挑出瑕疵豆以及未成熟的咖啡豆，由于色差很细微，肉眼下不容易发现，只能等到炒完咖啡后，把熟豆放在竹筛里冷却，未上色的咖啡豆才会显现出来。尤其蜜处理及日晒豆最容易出现未上色的烘焙瑕疵豆。

● 未熟豆（Underdevelopment）

未熟豆并不是整锅咖啡豆都没有熟，而是里面掺着未上色的瑕疵豆、未上色的咖啡豆以及部分有熟咖啡豆。没有完全炒熟的咖啡豆，除了呈现出浅烘焙、中烘焙和深烘焙的色度之外，还有只炒熟轮廓的情形。以前我经常在185℃时忘记将火力加大，只是让温度顺利地到达所谓的爆点，即191～193℃，就认为已完成自己想象的有熟咖啡豆。

即使使用正确的温度炒焙，一旦减少热量或增加热量时，不管保持该温度有多长时间，都会影响咖啡的最终风味。要特别注意，炒熟的咖啡在185～195℃时一定要将燃气灶的火力加大，让热能穿越咖啡豆心，才会产生有层次的风味。

那么在怎样的情况下会炒出微焦的咖啡豆或有点焦苦味的咖啡豆？炒豆的过程有时因为太过急躁，急于达到一爆阶段，就容易炒出微焦的咖啡豆，也就是豆心没有熟透的情形。

☕ 微焦豆（Overdevelopment）

微焦豆是指炒出来的豆子虽然有点焦，但不是失败品。就好像烤吐司时，外表不小心烤焦了，但里面是熟的，只要用面包刀刮除微焦的部分就能食用，相同地，只要把部分烧焦的豆子挑出来就可以使用了。这时候的咖啡豆状态虽然是超出预期的烘焙程度，但不至于毁掉一锅咖啡。一般是因为双手炒豆乱了节奏，失去规律性而炒出微焦豆。

第二种容易发生微焦豆的情形，是大约在185℃加大火的熟成阶段，忘了慢慢降火，让温度缓缓上升而渐渐出现焦糖香气，有点接近糖炒栗子或烤红薯的甜香风味。

❶ 烧焦豆（Scorching）

　　将咖啡豆炒得比预期色深是一个错误，这就是烧焦豆，很多专业的烘豆者都不喜欢这样的烘焙结局。豆子看起来很油腻，有时甚至接近黑色。冲泡饮用时，会留下烧焦和苦涩味，以及带有烟熏或煤炭的味道。质量较轻与未上色的咖啡豆因为火力过猛，搅拌速度跟不上陶锅升温的节奏，容易产生烧焦豆。

🫘 出油豆（Tipps）

　　出油的咖啡豆，通常是因为火力过猛导致的，炒豆时未能掌握炒焙关键，即规律性和稳定度。有时因为想尽快完成炒焙过程而忘记等待，是为了坚持品质的关键。一般来说，出油豆有以下两种常见的状况：一种是豆子边缘出现油点；另一种是上色不均，咖啡豆的正面与背面呈现出油的状态。

$\underline{4}$
成品保存方式

炒好的咖啡豆必须等待冷却后再放入保存罐中，并贴上"熟豆记录卡"。放置于干燥凉爽的地方保存，并于30天内使用完。

重点 **1**　隔绝空气

家庭中最佳的保存方式是使用单向排气阀密封袋或密封罐。由于每次打开袋子，咖啡豆的味道就会散失一些，如果密封程度不佳，更有可能让咖啡豆加速变质，所以要尽可能找到咖啡豆专用的密封罐或袋子。

重点 **2**　避免阳光直射（存放在阴凉处）

阳光直射咖啡豆，会加速咖啡豆的老化及风味的流失，记得放在通风的阴凉处。阳光充足的地区，一定要找到阴凉地方存放。

重点 **3**　切记不要放入冰箱

一般人都认为冰箱最能保鲜食物及咖啡。

许多家庭主妇都认为食物只要放置在冰箱里，几年都不用担心变质腐败。事实上，低温虽然能够延缓微生物生长，让食物保鲜更久，但这并非一劳永逸的保存方式，错误使用冰箱保存食物，还可能引起食物中毒。

如果冰箱里堆满食物产生出"冰箱味"，再将咖啡豆放入冰箱内保存，咖啡豆就成了最佳除味剂，在那一刻开始已经无法回到原来的风味了。

陶锅炒豆
成果冲泡教学

CHAPTER 7

　　萃取咖啡，是利用热水冲煮已经炒焙和磨碎的咖啡粉，从中萃取出芳香物质和其他成分。冲煮咖啡时，数百种化合物会从咖啡粉里溶解到水中，成为我们日常喝的咖啡。

　　从咖啡粉里萃取的化合物会直接影响咖啡的风味和香气。水溶性化合物包括咖啡因（苦味）、绿原酸（其中一些会产生酸味或甜味）、脂质（黏度）、多糖（甜度）、碳水化合物（苦味）。

冲泡秘诀

闷蒸时，会让咖啡粉
膨胀鼓起约2倍高

◗ "闷蒸"步骤不可少

　　冲煮出一杯美味的咖啡，闷蒸步骤不可少。所谓"闷蒸"，是先将少量（约20毫升）的开水轻轻注入咖啡粉中，使咖啡粉（1杯分量为10～12克）浸于热水中20～30秒。此闷蒸动作可使咖啡粉中所含的气体释出，更易与开水融合，引出咖啡中的芳香物质。

　　闷蒸过程中，因为排出了咖啡粉中的二氧化碳，所以会让咖啡粉膨胀鼓起约2倍的高度。如果咖啡豆不新鲜，或水温低于70℃，就不会膨胀鼓起，冲泡出来的味道比较呆板单调。有时候闷蒸的咖啡粉表面会出现孔洞，也是因为咖啡豆不新鲜，但对风味的影响不大。

冲泡手法

◎ 画同心圆的冲泡手法

　　闷蒸之后，从咖啡粉的中心点，以画同心圆的手法向外画圈，逐次冲泡完毕。如果冲泡时间过长，又不以画同心圆的方式冲泡，将导致咖啡苦涩。

以画同心圆的方式冲泡咖啡

115

❶ 冲泡咖啡要呈90度

注意：咖啡粉表面与开水注入的角度需呈90度，如果角度不正确，冲泡的咖啡粉不容易呈现甜甜圈状，开水也不容易经过咖啡粉，会堵塞萃取通道，咖啡就会变得难喝。不建议将开水从滤纸边缘注入，如此无法将咖啡的全部香味引出来。也不要将所有开水一次性注入完毕，而是要配合咖啡液的流出量，注入同量的开水，如此才能将全部咖啡粉的香味萃取出来。

冲泡咖啡时，注入的
开水要与咖啡粉表面
呈90度

$\frac{1}{-}$ 手冲咖啡
时间、温度、粉水比
的关系

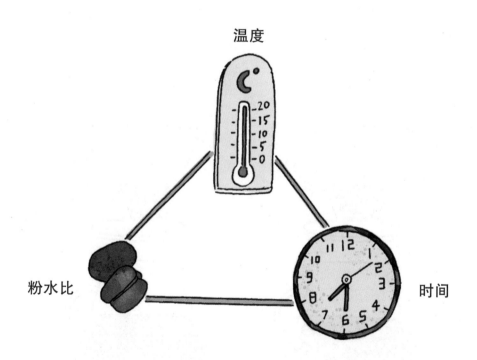

冲泡咖啡时，务必掌握"一变两不变"的原则。也就是时间、温度、粉水比这三个变因，在练习过程中只能变动一个，其他两个必须固定，这样冲出来的咖啡才能将味道的差异性表现出来。

▶**基本冲煮方式（以不同的粉水比来举例）：**

- 冲煮单品：埃塞俄比亚水洗西达摩20克
- 冲煮总时间：1分30秒
- 开水：87℃
- 粉水比：1：12（240毫升）和1：15（300毫升）

❶ 结论

通常我会以粉水比1：12为主来冲泡，冲泡出来的整体风味是饱满平衡的水果味。如果以粉水比1：15冲泡，水果香气明显，风味特殊，尤其像是一壶水果茶的风味，但饱满度降低不少。手冲咖啡非常适合凸显咖啡的复杂性，并倾向于强调精致的风味和香气。

240毫升水

粉水比1：12，
风味饱满平衡

300毫升水

粉水比1：15，
风味饱满度降低

2
冲泡步骤

最佳手冲
步骤示范

❶ 器具

- **手冲壶**：Kalita 神灯壶1只
- **滤杯**：HarioV60 1个
- **咖啡壶**：1只
- **温度计**：1支
- **Hario 电子秤**：1个

❶ 材料

- **咖啡粉**：埃塞俄比亚水洗西达摩20克
- **开水**：87℃、300毫升
- **粉水比**：1：13
- **冲煮总时间**：1分15秒

★**注意**：先将咖啡豆放进磨豆机磨成粉末。细颗粒粉末适合意式咖啡、摩卡壶；中颗粒粉末适合手冲咖啡、虹吸壶；粗颗粒粉末适合法式滤压壶。

STEP 1 称粉量

称量中颗粒粉末20克。

STEP 2 浸润滤纸

以95℃热水冲洗滤纸（去除纸浆味），避免萃取出有滤纸杂味
的咖啡。

STEP 3 铺粉

将滤纸放入滤杯里铺好。倒入咖啡粉，将咖啡粉中间戳出凹
槽。之后再以凹槽为中心点，用画同心圆的手法，慢慢向外画
圈至冲泡完毕。

STEP 4 闷蒸

润湿粉末至闷蒸，以画同心圆的手法，向外画圈至冲泡完毕。

注水45毫升，闷蒸25秒。

STEP **5**　萃取1——酸味

第一次以画同心圆的手法，向外画圈至冲泡完毕，注水
60毫升。

STEP **6**　萃取2——甜味

第二次以画同心圆的手法，向外画圈至冲泡完毕，
注水100毫升。

STEP 7   萃取3——苦味

第三次以画同心圆的手法，向外画圈至冲泡完毕，

注水80毫升。

成品

◐ 结论

再次强调咖啡粉表面与开水注入的角度要呈90度。不建议将开水从滤纸边缘注入，如此无法将全部咖啡的香味引出来。也不要将所有开水一次性注入完毕，而是需要配合咖啡液的流出量，分次注入同量的开水，如此才能将全部咖啡的香味呈现出来。冲泡步骤依序是：闷蒸→分三次注水，注意水量控制和同心圆冲泡手法（不需要冲到滤杯外缘）。

手冲咖啡
实验比较

<u>TEST</u> 1　为什么咖啡冲出来酸酸的

　　冲煮咖啡时，如果萃取度不足，咖啡容易呈现偏酸的现象。或是冲煮时间过短，咖啡的酸味便开始上升，因此会冲出一杯偏酸的咖啡。首先注水第一段会萃取出水果味和酸味，第二段是甜味和平衡感，第三段是苦味。萃取不足的咖啡，不具有平衡感所需的甜味和微苦味，而且会有酸味。萃取过度则会产生苦味及瑕疵口感。

▶以闷蒸时间太短来举例

🫘 器具

• 手冲壶：Kalita 神灯壶1只

• 滤杯：HarioV60 1个

• 咖啡壶：1只

• 温度计：1支

• Hario 电子秤：1个

🫘 材料

• 咖啡粉：埃塞俄比亚西达摩桃可可20克

• 开水：87℃、280毫升

- **粉水比：** 1：12
- **冲煮总时间：** 1分30秒

🫘 步骤

1 润湿粉末至闷蒸，以画同心圆的手法，向外画圈至冲泡完毕，注水45毫升用时12秒，闷蒸10秒。

2 第一次以画同心圆的手法，向外画圈至冲泡完毕，注水60毫升用时16秒。

3 第二次以画同心圆的手法，向外画圈至冲泡完毕，注水100毫升用时24秒。

4 第三次以画同心圆的手法，向外画圈至冲泡完毕，注水75毫升用时10秒。

🫘 结论

　　首先以45毫升的开水闷蒸10秒，有助于二氧化碳排出。第一次注水60毫升用时16秒，萃取较短的酸度；第二次注水100毫升用时24秒，萃取较长的甜味；第三次注水75毫升用时10秒，萃取较短的苦味。所以总冲煮时间太短，萃取时间不足，冲泡出来的酸度偏高。（剩余的18秒，等待咖啡通过滤杯，另外10秒可自由选择等待或提早拿起滤杯。）

TEST 2　为何冲出的咖啡苦味较浓

　　因为萃取的时间过长了。当咖啡浸泡时间过长，溶出的化合物越多，咖啡复杂度越高，苦味也相对提高了。

▶闷蒸时间太长来举例

🫘 器具

- **手冲壶：** Kalita 神灯壶1只
- **滤杯：** HarioV60 1个

- 咖啡壶：1只
- 温度计：1支
- Hario 电子秤：1个

🫘 材料
- 咖啡粉：埃塞俄比亚西达摩桃可可20克
- 开水：87℃、280毫升
- 粉水比：1∶12
- **冲煮总时间：2分10秒**

🫘 步骤

1　润湿粉末至闷蒸，以画同心圆的手法，向外画圈至冲泡完毕，注水45毫升用时20秒，闷蒸10秒。

2　第一次以画同心圆的手法，向外画圈至冲泡完毕，注水60毫升用时26秒。

3　第二次以画同心圆的手法，向外画圈至冲泡完毕，注水100毫升用时38秒。

4　第三次以画同心圆的手法，向外画圈至冲泡完毕，注水75毫升用时28秒。

🫘 结论

　　总冲煮时间太长，萃取时间过长，所以冲泡出来的咖啡杂味过多，喝起来也较苦。（剩余的8秒，等待咖啡通过滤杯。）

3
练习品尝咖啡的风味

由于每个人的生活经验不同，所以对咖啡的风味感受与理解也不一样，例如有些人吃过的水果种类有限，就无法联想更多的水果风味。只要多尝试各类食物，得到的咖啡品饮感受一定会更加丰富。学会以下咖啡品尝的专有名词，有助于精确表达感受，与朋友分享喝咖啡的乐趣。

◐ 酸度（acidity）

喝咖啡时，舌头两侧感受到的酸味。和柠檬汁那种酸不一样，而是类似苹果的酸香，这是由咖啡里的绿原酸所展现出来的韵味，又被称为"明亮度"（brightness）。苹果酸度是咖啡很重要的一个特质，不带酸度的咖啡没有韵味。

◐ 香气（aroma）

咖啡冲煮后的香味，在鼻腔里感受的味道会比舌头能感受到的更为丰富而多样化。咖啡冲煮后产生的香气，常见的有果香、花香、莓果香、烟熏、烤红薯味、坚果味、爆米花味等。

◐ 厚实感（body）

咖啡在口中的厚实感，在日常生活中要如何体验？可以到超市购买全脂牛奶、低脂牛奶、脱脂牛奶，分别倒入小杯里品尝比较，有些像水一样清爽，有些像丝绒般滑顺，有些是明显的涩感，借由舌头的绕动更能明显感受。

◐ 尾韵（aftertaste）

咖啡喝下去后，在嘴巴里与喉头残留的味道就称为尾韵。最常见的有坚果、巧克力、焦糖的味道，有些是莓果、芒果等水果的味道。

◐ 平衡感（balance）

是指咖啡整体味道的评价。品质好、表现性佳的咖啡豆，味道均衡、有层次，并且香气柔和。而品质较差、特色不明显的咖啡豆，通常只呈现单一味道。

◐ 甘醇（mellow）

酸度适中、平衡感均衡的咖啡有甘醇的口感。中美洲及南美洲的水洗豆就有这样的特质。

◐ 温润（mild）

是指咖啡细腻的口感，有如焦糖回甘的风味，如危地马拉、哥伦比亚。

◐ 柔和（soft）

低酸度的咖啡具有这项特性，属于口感温和，带点甜味的咖啡，如拉丁美洲咖啡豆。

成为炒豆师的条件

CHAPTER **8**

　　玩家级与专业级炒豆师之间的差异，在于玩家自由自在没有约束，可以更自由地进行炒豆实验，玩久了也会变成专家。而专业级的咖啡师、炒焙师、寻豆猎人有各自的任务要进行，最主要是职业方向的差异而已。在成为炒豆师之前，我们可能都是上班族、家庭主妇，或者只是消费者。每天清晨为自己煮一杯咖啡，为一天的开始做准备，这样的日常对于咖啡爱好者来说，是增加风味感受和描述能力的基本途径。

　　可以在日常生活中多留心食物的味道，如葡萄、苹果、芒果、烤红薯、核桃、杏仁等，也需要留心花果的香气，最直接的方法是多去花市逛逛。

　　咖啡还是要多喝，不要拒绝任何一次可以品尝的机会。常常与人讨论风味上的描述和看法，并且写下来，也是一个好办法。我的经验是加上拍照、写笔记、拍视频来提醒自己，要经常记录每一次的工作心得。

炒豆前的味觉训练

　　很多水果的风味都可以在咖啡里找到对应。例如草莓、芒果、李子、百香果、木瓜、哈密瓜、香蕉、芒果、火龙果、苹果、山楂、橘子、桂圆、葡萄、荔枝。这些记忆可以慢慢从生活中累积，每一种食物风味都会在大脑里保留。例如喝咖啡的过程中，就能直接将记忆中的柠檬和柚子味道的差异说出来，用这种方法开始品尝咖啡就是最好的训练。另外，还需要加强熟悉基本风味的自主训练，如甜、酸、苦、咸和鲜味，可以通过以下方法加强自我练习。

◐ 独立自主的味觉练习法

- 甜味（Sweet）：冷水1000毫升+蔗糖24克→用舌尖去感受
- 酸味（Sour）：冷水1000毫升+柠檬酸1.2克→用舌头前端两侧去感受
- 咸味（Salty）：冷水1000毫升+盐4克→用舌根前方两侧去感受
- 苦味（Bitter）：冷水1000毫升+咖啡因0.54克→用舌根去感受
- 鲜味（Umami）：冷水1000毫升+味精2克→用舌面中心去感受

成为炒豆师的注意事项

任何人都可以成为炒豆师，不需要考试和资格证，只要不断进取学习，并且保持热情与追求新知的好奇心即可。炒咖啡豆是一种技艺，也是一种生活态度，与有经验的炒豆师多分享交流，充实咖啡相关的知识与常识，并提升冲煮咖啡的技巧、炒咖啡的技巧以及杯测能力，就能渐渐地往炒豆师方向前进。

要到什么程度才能当炒豆师？先决条件是喜欢咖啡，对于咖啡品尝有基本的认知。认知是指对品尝咖啡的风味描述和炒咖啡豆的过程有初步了解，味觉判断也是一项养成关键，可以通过在家杯测来增加这些基本常识。

◑ 咖啡生豆和熟豆的基本辨别法

▶**生豆的视觉与嗅觉**：练习认识咖啡生豆，辨别咖啡的品种，如阿拉比卡品项应该是我们比较常见的，不同国家生产的阿拉比卡豆，其特征和色泽也不一样。

- **亚洲豆**：苏门答腊。豆形貌似贝壳微凹，豆身长，豆子中心线普遍夹着银皮，颜色深绿，闻起来有浓浓的下过雨后的青草味。

- **非洲豆**：埃塞俄比亚。豆身外形头尖尾尖，豆子中心线呈S形，似柳叶状，颜色绿里带灰，闻起来有轻微的水果味。

- **中南美洲**：巴西、危地马拉。豆形有点椭圆平面，中心线弯曲，豆子中等大小，颜色淡绿，闻起来生豆味道不浓郁。

▶**熟豆的嗅觉与味觉**：借由"磨""闻""喝"，从咖啡的干香气中来感受嗅觉与味觉。

- **日晒豆、水洗豆的基本差异**：日晒豆普遍会有发酵味 。

- **亚洲豆**：产于苏门答腊，带有青草味、甘草味、烟熏味。

- **非洲豆**：产于埃塞俄比亚、肯尼亚，带有花香、草香、烟熏、乌梅的味道，奔放狂野。

- **中南美洲豆**：产于危地马拉、巴西，味道轻盈，呈现坚果的调性。

▶**触觉**：购买生豆时，借由触摸与嗅闻来辨别咖啡豆的差异性。豆子的大小、形状，可以用手抓时的触觉去感受它们的差异性。

◑ 咖啡炒焙后，各烘焙程度所代表的意义

浅度烘焙→口感稍微强烈，酸度、甜感佳，层次丰富。

浅中烘焙→口感酸度平衡，甜感较强，层次多样。

中度烘焙→口感甜感强烈，酸度较低，整体平衡。

中深度烘焙→口感甘甜厚实，烟熏味较强。

中深度烘焙转深→口感甘甜厚实，呈现烟熏味、可可味、坚果味的调性。

深度烘焙→口感甘甜厚实，呈现烟熏味、可可味、坚果味的调性。

◑ 炒豆前的预备

▶ 没有打扰

炒咖啡分心是一个非常重大的损失。因为那是一个宁静的时刻，专属于你个人的时刻，也是开始与自己说话的沉淀时刻。以往的经验是：前一天准时下班休息睡觉，保持精神饱满，隔天早晨喝一杯温开水，为自己煮杯咖啡，准备好开始炒咖啡的心情。炒咖啡的前置工作是先检查器具，包括抹布、锅铲和燃气灶。炒咖啡的过程中不要播放音乐，尽量减少噪声干扰。

▶ 禁止吸烟

吸烟会影响炒豆师对于风味的判断。鼻口是相通的，吸烟时尼古丁会暂时让舌头麻痹，影响炒豆师对于味觉的判断，鼻腔也会吸附烟中的焦油导致做出错误判断。

▶ 起床盥洗后不喷香水、古龙水

味觉是影响风味判断的重点。一般在工作时，双手不可涂抹护手霜，身体不喷香水及古龙水，那些外加的香气与炒焙咖啡时的风味相互重叠，会影响炒豆师对于咖啡风味的判断。

▶**无体臭，注意身体清洁**

个人清洁度对于专业咖啡师尤其重要。炒咖啡豆也是食品相关行业，卫生清洁是基本条件，必需洗手、清洁、消毒、戴口罩。炒豆时因为有烟尘，为了长期身体健康，一定要戴口罩。

▶**炒豆前一天不要熬夜**

一般在醒后2~3小时进行炒豆工作最好。前一天熬夜、喝酒或看电视、睡眠时间过短都会影响精神状态，在精神不集中的情况下容易分神，会毁掉一锅咖啡的风味，就像是精力不济时开车上路，相当危险。

▶**饭后不要立即去炒豆**

饭后，因为身上、口腔与鼻腔里还残留有各种食物的香气，特别是刺激性的洋葱、辣椒、蒜头等香料更要避免，最好立即漱口或清洁脸部与手部，再开始炒豆。

▶**刷牙或漱口后不可立即杯测**

牙膏及漱口水的薄荷味，会暂时让舌头的味觉不敏感。

▶**在准备炒咖啡期间，禁止吃口香糖等**

口香糖的味道会混淆鼻腔与口腔的交互味觉感受。

▶**杯测与炒豆期间不说话，工作伙伴不互相影响**

主动集中您的感官。

▶**积极争取从一个杯测到下一个杯测的一致性**

在家杯测的基本常识

　　在家杯测是为了选出自己喜欢的咖啡，也能培养对风味的认知度。杯测也是冲泡咖啡的一种方式（浸泡法），当我们不想动用任何手冲咖啡的器具时，就可以将杯测应用于日常生活中。

　　一般进行杯测训练，家中需准备1～2周的咖啡库存量，大约900克，也就是一周可以炒出2款咖啡的分量。依我个人经验其实不只2款，或许可以炒3～4款，因为经过多次练习后，会想要多尝试几种不同国家的咖啡，此刻杯测就更加需要了。

☕ 杯测步骤

▶材料清单

- **开水**：93℃、大壶水2000毫升
- **研磨机**：1台
- **杯子**：5～6盎司（150毫升）
- **咖啡豆**：8.5克
- **秤**：1台
- **杯测匙**：1支
- **标签纸**：1张
- **纸铅笔**：1支
- **计时工具**：1个
- **纸杯**：1个

▶步骤1：专业杯测法

1　准备咖啡豆8.5克。

2　15分钟内研磨好咖啡豆（评估香气）。

3　将93.33℃的开水倒入150毫升的杯子中至满杯。

4　浸泡3～5分钟。

5-6 7-8

5　破渣、搅拌3次（评估香气）。

6　捞起咖啡渣。

7　等待咖啡降温到70℃。

8　啜饮、品尝、记录，重复记录咖啡，冷却至20℃。

▶**步骤2**：应用于日常生活中的杯测法

1　准备咖啡豆12克。

2　将240毫升的开水（93.33℃）倒入马克杯中。

3　浸泡4分钟。

4　搅拌，捞起表面咖啡渣。

5　准备一个小滤网，放置在马克杯上，通过小滤网过滤多余的咖啡渣。

6　开始品尝咖啡。

★**品尝重点：主要是方便，一样可以尝到咖啡的好味道，各国咖啡的风味如实呈现。**

家用平底锅炒豆

平底锅是每个家庭都有的厨房用具，如果家里找不到陶锅，用平底锅炒咖啡豆也是一个好方法。不过要注意，大部分平底锅是薄底的，因为铁的导热速度快，可以快速炒完一锅咖啡，这种锅温度上升迅速的优点在搅拌速度过慢时可能就变成了缺点，会使咖啡豆还未炒熟就已经有一部分变成焦黑了。对于刚开始练习炒豆的人来说，用平底锅炒豆更需要专注力。

平底锅材质有影响吗？其实没有特定的规范，只要家中使用的一般平底锅即可，大小没有硬性规定，只要注意火源加热的过程，切勿升温过快，否则双手搅拌的速度会跟不上升温速率。

用平底锅炒咖啡豆，对咖啡豆的品质会有影响吗？只在风味上有差异。我们也可以自由决定用哪一种器具来炒咖啡，例如手网、铸铁锅、陶壶等。炒豆过程中味道的变化大致相同，从最初到最后的风味依序是：青草味→烤面包味→酸香气→坚果味、焦糖味→糖炒栗子味、烤红薯味。平底锅炒豆的味道，与陶锅炒豆一样是重要的参考因素。

平底锅炒豆的风味特性

"用平底锅炒豆时，
每3～4分钟会有一个颜色转化的过程，
炒出来的咖啡豆风味普遍保留较强的烟熏感，酸度较低。
而用陶锅炒的咖啡豆风味比较温和、酸度较高。"

▶**颜色变化**：浅绿色→深绿色→黄点色→核桃褐色→浅咖啡色→咖啡色。

▶**味道变化**：青草味→烤面包味→酸香气味→坚果味、焦糖味→糖炒栗子味、烤红薯味。

❶ 平底锅炒豆法

▶材料

- 咖啡生豆：500克
- 燃气灶：1台（卡式炉也可以）
- 木铲：1支（45厘米）
- 红外线测温枪：1支

▶注意事项（掌握好这三个原则，可以确保炒豆的稳定度）

1 每次炒咖啡都要使用红外线测温枪测量温度并记录。

2 在19～21分钟内完成全部的炒咖啡过程。

3 以八字炒法（∞）规律性地翻炒。

▶步骤（观察颜色与风味的变化）

- 0分钟、0～100℃：浅绿转为深绿。15分钟前的咖啡不会拿来饮用品尝。
- 5分钟、130℃：深绿转为黄点，飘出青草味。
- 8分钟、155℃：黄点转为核桃褐色，飘出烤面包味。
- 18分钟、180℃：核桃褐色转为浅咖啡酸香气，飘出坚果味。
- 19分钟、185℃：浅咖啡色，飘出坚果味。
- 20分钟、190℃：浅咖啡色转为咖啡色。
- 21分钟、195℃：浅咖啡色转为咖啡色，飘出糖炒栗子味、烤红薯味后，关火。此阶段为浅烘焙度，口感稍微偏强烈的酸度、甜感佳、层次丰富。
- 22分钟、200℃：咖啡色转为糖炒栗子色，飘出烤红薯味。
- 22分30秒、203℃：咖啡色。

◐ 结论

　　发挥豆子本身的特性需要注意火力，控制在150～155℃时，关火2分钟。计时2分钟后再开火，让温度保持平均上升。170～180℃时，关火1分钟。在185～195℃，再加一次火。这次加火的步骤是一个关键，为了让咖啡豆有足够热能往下一个阶段前进，即进入一爆阶段。（另一个目的是为了让咖啡豆有足够时间焦糖化，如此炒完的咖啡豆更有层次感。）

<u>附录1</u> 炒焙记录表

炒焙记录表，是为了记录每次炒咖啡的时间与温度对应的关系。记录每分钟咖啡豆表显示的温度，借由温差可以检视搅拌的规律性以及控制火力的方法。

■**日期**：炒豆的日期，标注年月日。

■**编号**：一般指的是炒焙的批次（可以自行编码）。

■**豆子品项**：是生豆的产地和品名。

■**入豆量**：是指当次炒豆的生豆重量。

■**出豆量**：是指炒焙完毕的熟豆重量。

■**失重比**：一般咖啡生豆含水率10%～12%，炒咖啡豆过程中会将水分蒸发掉，失重率会控制在12%～15%，炒咖啡豆时间过长也会提高失重比。例如：入豆重量1000克，出豆重量870克，所以失重为130克。其失重率为：（130÷1000）×100%=13%。

■**含水量**：基本上咖啡生豆的含水率为10%～12%。

■**密度**：是指咖啡豆密度。基本上可以使用水分密度测量仪，一般推断生长在海拔较高区域的咖啡豆密度比较高。

■**湿度**：测量室内的湿度。

■**室温**：测量烘焙室内的气温。

■**气候**：晴天、雨天或阴天。雨天湿气高，非必要，雨天不炒焙。

■**气压**：一般在平地为一大气压，所以在低气压的数值下，火力可以稍微调大一些。

■**时间**：炒豆的每分钟时段。

■**一爆初、二爆初**：将一爆时间、二爆时间点记录下来，有助于火力大小的判断与控制。如果同一批次豆子一爆时间点相近，代表火力控制正确。

■**出炉**：是指下豆点，即炒咖啡结束的时间。

■**进豆温**：记录常温下的生豆起始温度。

■**温度**：记录炒焙过程中，每分钟豆表的温度。

■**火力**：是指各分钟区间，使用火力的大小。

■**备忘录**：记录采收的季节，或生豆的状态、味道、色泽和形状。

炒焙记录表
（每炉最大烘焙量2.5KG）

日期			
编号			
豆子品项			
入豆重（千克）		密度	
出豆重（千克）		湿度	
失重比（%）		室温	
含水量		气候	
		气压	

记录对应时间点

时间（分）	1	2	3	4	5	6	7	8	9	10	11	12	13	14	15	16	17	18	19	20	21	22	23	24	25
一爆初																									
二爆初																									
出炉																									
进豆温																									
温度																									
火力																									

备忘录

附录2 生豆记录卡

　　生豆记录卡，主要是为了保存样品生豆，作为下一批同种咖啡生豆状态的比较参考。基本上会记录烘焙过的日期，将以下资料填入表格内，方便记得咖啡豆的条件，有助于观察风味的变化以及提醒在保存期限300天内使用完。

■**年月日：**是指炒豆日期。

■**产区：**如Ethiopia Oromia Region Sidama（埃塞俄比亚 西达摩）。

■**品种：**如Heirloom（阿拉比卡 原生种）。

■**庄园名称：**Ethiopia。

■**备注：**记录风味、瑕疵率、豆子特征、赏味期限。

■**处理法：**如Natural（日晒）。

■**食用期限：**基本上1年以内。

生豆记录卡		年　月　日
产区		
品种		
庄园名称		**备注**
处理法		

生豆记录保存（罐子里装的是生豆记录卡）

样品豆烘焙机

图书在版编目（CIP）数据

陶锅炒豆学：烘焙一锅属于自己的咖啡/潘佳霖著. —北京：
中国轻工业出版社，2021.4

ISBN 978-7-5184-3379-7

Ⅰ.①陶… Ⅱ.①潘… Ⅲ.①咖啡－配制 Ⅳ.①TS273

中国版本图书馆 CIP 数据核字（2021）第 019128 号

策划编辑：关 冲 付 佳 责任终审：劳国强 整体设计：锋尚设计
责任编辑：关 冲 付 佳 责任校对：朱燕春 责任监印：张京华

出版发行：中国轻工业出版社（北京东长安街6号，邮编：100740）
印　　刷：北京博海升彩色印刷有限公司
经　　销：各地新华书店
版　　次：2021年4月第1版第1次印刷
开　　本：710×1000　1/16　印张：9.5
字　　数：180千字
书　　号：ISBN 978-7-5184-3379-7　定价：68.00元
邮购电话：010-65241695
发行电话：010-85119835　传真：85113293
网　　址：http://www.chlip.com.cn
Email：club@chlip.com.cn
如发现图书残缺请与我社邮购联系调换
200711S1X101ZYW